台科大圖書 since 1997

人人必學
Canva 簡報 與 AI 應用

Canva Presentations and AI Applications

含 WIA 職場智能應用國際認證：視覺設計 Using Canva (Specialist Level)

勁樺科技 編著

國際認證說明

為方便讀者取得 WIA 國際認證的詳細資訊，請前往艾葆國際認證中心（https://ipoetech.jyic.net）。

1. 進入首頁後，於左側選擇所屬《發證單位》。
2. 進入對應的國際認證介紹頁面，並點擊相關認證圖像，即可查看詳細說明，取得 WIA 國際認證的相關資訊。

PS：本書末附有 WIA 國際認證介紹及說明。

WIA 職場智能應用國際認證說明

本書為 WIA 國際認證：內容涵蓋職場智能該有概念、應用案例及相關知識，並設計多元課後習題，幫助讀者加深理解與實踐能力。本書「課後習題」結合 WIA 職場智能應用國際認證-視覺設計 Using Canva（Specialist Level）題庫範圍，透過熟讀本書內容與習題，並搭配線上試題的反覆練習，能有效提升應試能力，協助取得 WIA 國際認證。

版權聲明

本書所提及之各註冊商標，分屬各註冊公司所有，書中引述的圖片及網頁內容，純屬教學及介紹之用，著作權屬法定原著作權享有人所有，絕無侵權之意，在此特別聲明，並表達深深感謝。

Preface

在數位時代，視覺設計的重要性不言而喻。不論是社群媒體、職場文件，還是學術簡報，吸睛又具創意的設計，往往能成為成功傳達資訊的關鍵。然而，對於許多人來說，設計軟體的操作可能顯得複雜且門檻高，讓他們裹足不前。這正是 Canva 的魅力所在。

Canva 是一款以「簡單易用」為核心的設計工具，從新手到專業人士都能快速上手。不僅提供豐富的範本與資源，內建多種 AI 輔助功能，讓設計變得更加輕鬆。本書主要幫助讀者充分發揮 Canva 的潛力所編寫，無論你是第一次接觸設計，還是希望將設計技能應用到職場或生活中，筆者相信本書都能為你帶來實用的指引與靈感。

本書以明確的主題架構搭配循序漸進的方式，從基礎功能的介紹到應用層面的主題實踐，力求讓讀者能夠一步步掌握 Canva 的技巧。

在第 1 章，我們將從 Canva 的基本認識開始，帶領你瞭解其特色、版本差異與註冊方式，熟悉設計的四大要素。這些基礎知識將成為你進入設計世界的重要起點。

第 2 章，將帶你初探 Canva 的操作環境，教你如何建立設計專案並進行文字與圖像的編輯，讓你快速熟悉工具的操作邏輯。

第 3 章著重於影像與影片的視覺化創作，從範本的選擇與應用入手，幫助讀者快速建立專業作品。接著探討媒體素材的整理與分類技巧，讓設計流程更高效。讀者將學習如何利用濾鏡與圖像效果增強作品的吸引力，掌握實用的影像視覺設計技巧，並透過影片剪輯的基本操作，輕鬆製作出令人驚艷的動態內容，滿足個人或專業需求。

第 4 章至第 6 章則進一步探討 Canva 在不同領域的應用，包括生活與社群、教育與校園、職場與商業等應用，涵蓋多元而實用的實例教學。無論你想為自己的社群貼文增色，還是設計專業履歷與簡報，都能在這些章節中找到啟發。

此外，第 7 章與第 8 章特別分享了 Canva 的隱藏版 AI 功能，幫助你探索 AI 技術在設計上的無限可能，並解決使用過程中的常見問題。

這本書的編寫初心是希望讓所有對設計感興趣的人，都能輕鬆上手，並在過程中享受創作的樂趣。不論你是設計新手、職場專業人士，還是教育工作者，都能在 Canva 中找到屬於自己的創作天地。

感謝你選擇這本書，讓我們一起踏上這趟 Canva 設計的學習旅程。期待在不久的將來，看到你利用 Canva 創作出令人驚艷的作品！

目錄

1 Chapter 認識 Canva 的第一步

1-1 Canva 簡介與特色功能　　2
1-2 Canva 的下載版本介紹　　4
1-3 不同授權方案的分析與選擇　　8
1-4 註冊帳號　　10
1-5 設計四要素：素材、字體、顏色、排版　　12
1-6 關於 Canva 作品的版權　　14
重點整理　　17
課後習題　　19

2 Chapter 第一次操作 Canva 就上手

2-1 Canva 主畫面概覽：設計工作的第一站　　22
2-2 使用 Canva 建立設計　　28
2-3 認識編輯頁面　　32
2-4 文字編輯操作入門　　41
2-5 元素及圖像編輯操作入門　　43
重點整理　　51
課後習題　　53

3 Chapter 影像視覺設計與影片剪輯

3-1 範本的選擇與應用　　56
3-2 媒體素材的整理與分類　　62
3-3 圖片濾鏡效果應用　　68
3-4 實用的影像視覺設計　　69
3-5 Canva 影片剪輯操作入門　　75
重點整理　　91
課後習題　　93

4 Chapter 生活與社群應用

4-1 主題名稱：設計社群圖片　　96
4-2 主題名稱：社群貼文　　103
4-3 主題名稱：用 Canva APP 編製短影片　　109
課後習題　　117

Contents

Chapter 5 教育與校園應用

5-1	主題名稱：資訊圖表視覺化	120
5-2	主題名稱：專題簡報	126
5-3	主題名稱：安排課程	132
	課後習題	139

Chapter 6 職場與商業應用

6-1	主題名稱：履歷表設計	142
6-2	主題名稱：名片製作	148
6-3	主題名稱：一頁式多連結網頁	156
	課後習題	164

Chapter 7 隱藏版酷炫的實用 AI 功能

7-1	AI 寫作	166
7-2	AI 繪圖	171
7-3	AI 影像技術	174
7-4	AI 影片	175
7-5	文字轉語音 AI 工具	178
	重點整理	184
	課後習題	186

Chapter 8 不藏私 Canva 技能與工具

8-1	AI Canva 小幫手	190
8-2	在 Canva 設計嵌入 YouTube 影片	193
8-3	QR Code 產生器	194
8-4	Google 地圖	195
8-5	Canva 常見問題集	196
	重點整理	199
	課後習題	201

附錄

課後習題解答	204

WIA 國際認證：視覺設計 Using Canva（Specialist Level）領域範疇

項次	領域範疇	能力指標	對應本書
1	Canva 基礎入門與設計概念 Introduction to Canva and Design Fundamentals	• Canva 簡介與特色功能 • Canva 的下載版本介紹 • 不同授權方案的分析與選擇 • 註冊帳號 • 設計四要素：素材、字體、顏色、排版 • 關於 Canva 作品的版權	第 1 章｜ 認識 Canva 的第一步
2	Canva 介面操作與基礎編輯 Canva Interface and Basic Editing	• Canva 主畫面概覽 • 使用 Canva 建立設計 • 認識編輯頁面 • 文字編輯操作入門 • 元素及圖像編輯操作入門	第 2 章｜ 第一次操作 Canva 就上手
3	Canva 影像視覺設計與影片剪輯 Visual Design and Video Editing in Canva	• 範本的選擇與應用 • 媒體素材的整理與分類 • 圖片濾鏡效果應用 • 實用的影像視覺設計 • 影片剪輯操作入門	第 3 章｜ 影像視覺設計與影片剪輯
4	Canva 實務應用 Practical Applications of Canva	• 設計社群圖片 • 社群貼文 • 用 Canva app 編制短影片 • 資訊圖表視覺化 • 專題簡報 • 安排課程 • 履歷表設計 • 名片製作 • 一頁式多連結網頁	第 4 章｜ 生活與社群應用 第 5 章｜ 教育與校園應用 第 6 章｜ 職場與商業應用
5	Canva AI 創意工具應用 AI Creative Tools in Canva	• AI 寫作 • AI 繪圖 • AI 影像技術 • AI 影片 • 文字轉語音 AI 工具	第 7 章｜ 隱藏版酷炫的實用 AI 功能
6	Canva 進階工具與技巧 Advanced Tools and Techniques in Canva	• AI Canva 小幫手 • 嵌入 YouTube 影片 • QR Code 產生器 • Google 地圖 • Canva 常見問題集	第 8 章｜ 不藏私 Canva 技能與工具

1 Chapter 認識 Canva 的第一步

1-1 Canva 簡介與特色功能
1-2 Canva 的下載版本介紹
1-3 不同授權方案的分析與選擇
1-4 註冊帳號
1-5 設計四要素：素材、字體、顏色、排版
1-6 關於 Canva 作品的版權

　　Canva 是一個為設計新手與專家量身打造的創意工具，其簡單直觀的操作介面與強大的功能讓設計變得前所未有的輕鬆。本章將帶你深入瞭解 Canva 的核心功能與基礎設定，為你的創意旅程鋪設堅實基礎。

1-1　Canva 簡介與特色功能

　　Canva 的問世為設計領域帶來了革命性的變化。這款工具以直觀操作和豐富功能打破了傳統設計的高門檻，迅速成為世界各地使用者的首選。無論是設計社群媒體圖片、製作宣傳單、建立專業簡報，還是製作引人注目的海報，Canva 都能提供一站式解決方案，讓每個人都能輕鬆完成高品質的設計創作。這一小節將帶你認識 Canva 的多樣化功能及其為何深受全球使用者喜愛。

1-1-1　隨時隨地輕鬆創作

　　Canva 的網頁版操作讓設計變得無比方便，使用者不需下載軟體，只需打開瀏覽器即可立即開始。這樣的設計消除了軟體安裝與更新的困擾，讓使用者不受地點與設備限制，隨時隨地進行創作。Canva 的操作介面直觀易懂，即使是零基礎的新手，也能透過拖放功能快速上手，讓創作的過程變得簡單而高效。

1-1-2　完善的素材資源與跨平台支援

　　Canva 擁有海量素材資源，包含數百萬張高解析度圖片、插圖、圖標和字體，讓使用者不論面對任何設計需求都能找到靈感。同時，Canva 與多家圖片庫合作，為使用者提供更多專業素材選擇。此外，Canva 支援多種裝置操作，包括電腦、平板和手機，實現真正的跨平台無縫銜接，讓使用者無論在辦公室、咖啡廳，甚至旅途中都能隨心創作。

1-1-3　免費與高級方案靈活應對需求

　　Canva 提供多層次的訂閱方案，以滿足不同需求的使用者。免費方案已經足夠涵蓋大部分設計需求，內建許多免費範本與素材。而付費方案則進一步解鎖更多進階功能，例如專業級範本、品牌套件管理以及背景移除等工具，讓設計效率與品質顯著提升。不論是普通愛好者還是專業設計師，都能找到適合自己的方案。https://www.canva.com/zh_tw/pricing/

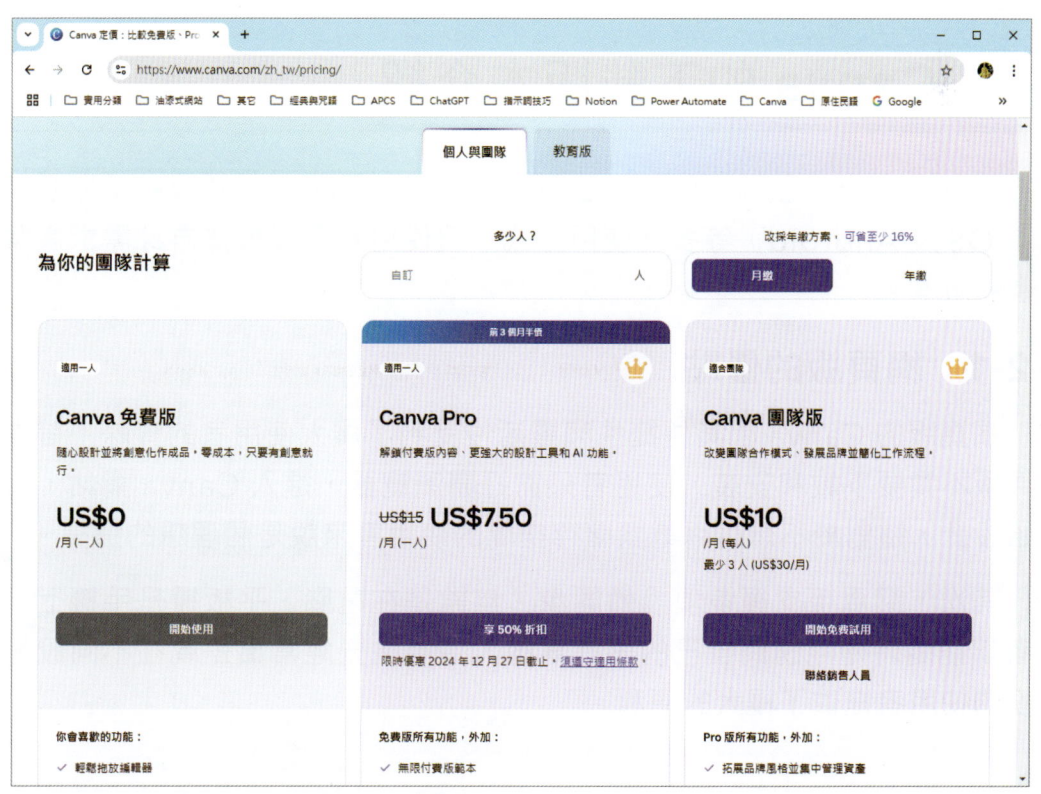

1-1-4　團隊協作更高效

　　Canva 內建的多人協作功能，使得團隊設計工作變得前所未有的高效。使用者可以邀請成員共同編輯專案，實現即時修改與意見交換。無論是企業宣傳專案、校園活動設計，還是個人團隊的創意計畫，這項功能都能極大提升工作效率，確保最終作品符合所有成員的期望。

1-1-5　AI 助力打造專業設計

　　Canva 逐步融入多種 AI 技術，進一步優化使用者體驗。例如，背景移除功能僅需幾秒鐘便能完成圖片背景處理，而智能排版與色彩建議功能則協助使用者快速找出最佳設計方案，使作品更具專業感。這些 AI 工具不僅縮短了設計流程，也幫助使用者提升創作品質，讓設計變得更加輕鬆愉快。

　　綜觀 Canva 的功能特點，它已不再只是一個設計工具，而是重新定義了設計的可能性。從便捷的網頁操作、大量的素材資源，到靈活的方案選擇、多人協作，以及 AI 技術的全面應用，Canva 成為設計愛好者和專業人士的最佳選擇。它讓設計不僅僅是專家的專利，更成為人人皆可參與的創意舞台，讓更多人有機會探索並體驗視覺創作的樂趣。

1-2　Canva 的下載版本介紹

　　Canva 作為一款強大的設計工具，提供了網頁版、電腦版和手機版（包括：iOS 及 Android）等多種使用方式，讓使用者可以根據自身需求選擇最適合的版本。

1-2-1　網頁版的優點

　　網頁版的 Canva 因其便捷性和靈活性受到了廣大使用者的青睞。首先，網頁版不需要下載和安裝，使用者只需打開瀏覽器，進入 Canva 網站，即可開始設計，這對於不想佔用電腦儲存空間的使用者來說是個理想的選擇。

　　其次，網頁版支援多項設備同步，無論是在電腦、平板還是手機上，使用者都能隨時隨地訪問自己的設計專案，這為需要經常出差或在不同設備間切換的使用者提供了極大的便利。

此外，網頁版還擁有完整的功能集，從設計範本、素材庫到各種編輯工具，網頁版與電腦版幾乎沒有差異。這意味著無論你是在辦公室還是在家中，都能夠高效地完成設計工作。網頁版還有自動更新的特點，確保使用者始終使用最新的功能和安全補丁，無需手動操作。

1-2-2 電腦版的優點

與網頁版相比，Canva 的電腦版在穩定性和性能上有著顯著優勢。電腦版可以利用本地的硬體資源，提供更快的處理速度和更穩定的執行效果，特別是在處理大型文件和複雜設計時，這一點尤為明顯。此外，電腦版具備離線模式，即使在沒有網路連接的情況下，使用者也能夠創作和編輯設計，這對於經常需要在網路不穩定的環境中工作的使用者來說非常有用。

電腦版還提供了更靈活的文件管理功能，使用者可以更方便地保存、導入和導出各種格式的設計文件。同時，電腦版的快捷鍵功能也更為豐富，能夠提高設計效率，讓專業設計師在進行大規模設計專案時得心應手。

1-2-3 網頁版與電腦版的適用對象或時機

那麼，究竟該選擇網頁版還是電腦版呢？這取決於你的具體需求和使用場景。網頁版適合那些需要隨時隨地進行設計的使用者，如自由職業者、學生以及需要經常在不同設備上工作的專業人士。由於網頁版能夠自動同步和更新，它也適合那些希望避免複雜操作和頻繁更新的使用者。

而電腦版則更適合需要處理高強度設計任務的專業設計師和頻繁使用大型文件的使用者。它的高性能和穩定性可以保障複雜設計工作的順利進行，離線模式則適合那些經常需要在沒有網路的情況下工作的環境。此外，對於希望有更靈活文件管理和快捷鍵操作需求的使用者，電腦版無疑是更好的選擇。

1-2-4 下載 Canva 電腦版的操作說明

下載和安裝 Canva 電腦版也非常簡單。以下是具體步驟：

訪問 Canva 官網：打開你的瀏覽器，訪問 Canva 的官方網站（https://www.canva.com/zh_tw/）。

登錄或註冊：如果你已有 Canva 帳號，請登錄；如果沒有，請先註冊一個新帳號。

下載版本：在 Canva 官網的底部或使用者中心，找到「下載」區域，就可以找到各種平台的下載連結，還包括 iOS 及 Android 的手機版。

安裝：下載完成後，打開下載的安裝包，按照提示完成安裝過程。

啟動和登錄：安裝完成後，打開 Canva 電腦版，使用你的 Canva 帳號登錄，即可開始使用。

　　以上步驟即可讓你順利地下載和安裝 Canva 電腦版，享受其強大的功能和便捷的設計體驗。

　　無論是網頁版還是電腦版，Canva 都提供了強大的設計工具和豐富的素材，滿足各種設計需求。選擇哪一個版本主要取決於你的使用習慣和具體需求。

1-3 不同授權方案的分析與選擇

Canva 提供了多元化的授權方案，適合從個人使用者到企業團隊的各種需求。無論你是追求簡單的免費功能，還是需要進階設計工具的專業方案，Canva 都能為你提供靈活的選擇。以下將全面介紹每種授權方案的特色與優勢，協助你找到最符合需求的解決方案。

1-3-1　Canva 個人免費版

Canva 免費版是最廣受歡迎的選擇，特別適合初學者或偶爾需要設計的人士。此版本提供大量免費範本與素材，如圖片、插圖、字型等，讓使用者能快速創作出吸引人的設計。基本功能包括圖片裁剪、顏色調整與加入文字等，能滿足多數日常設計需求。

然而，免費版也有一些限制，例如無法存取高級範本、背景移除功能，以及有限的雲端儲存空間。此版本更適合設計需求不高，或希望試用 Canva 基本功能的使用者。

1-3-2　Canva Pro 個人專業版

對於希望提升設計效率的個人使用者，Canva Pro 是一個高效實用的選擇。除了包含免費版的所有功能，Pro 版還提供超過一億張專業級素材、更多高級範本，以及實用的背景移除功能，適合需要處理複雜設計專案的使用者。

此外，品牌套件功能允許使用者儲存專屬的品牌顏色、字型和標誌，確保每個設計專案的一致性。更大的雲端儲存空間，讓你可以輕鬆管理大量設計專案，是設計師和高頻率使用者的理想選擇。

1-3-3　Canva Teams 團隊版

Canva Teams 為需要多人協作的團隊而設計。此版本結合了 Pro 版的所有功能，並進一步增強了團隊合作的能力。團隊成員可以共同編輯同一設計專案，即時分享意見，實現高效的協作流程。

同時，Teams 版提供團隊專屬的範本和資源庫，方便所有成員共享設計素材，確保整體風格的一致性。無論是企業團隊還是創意小組，Canva Teams 都能讓協作更高效、更專業。

1-3-4　Canva 教育版

　　Canva 教育版專為教師與學生設計，結合了 Pro 版的所有功能，並針對教育需求進行了優化。內建的教育範本和素材適用於課程計畫、教材製作和學習評估等用途，為教學增添創意與視覺效果。

　　此版本還支援班級群組功能，教師可邀請學生共同參與設計專案，增強合作與創造力。更重要的是，教育版對於符合資格的教師與學生完全免費，為教育機構提供了強大的設計支援。

1-3-5　Canva 非營利組織版

　　Canva 非營利組織版針對慈善機構與非營利組織設計，提供了 Pro 版的所有功能，並加強了宣傳與活動管理的能力。專屬範本和素材幫助組織快速製作捐款活動海報、社交媒體內容和宣傳材料。

　　此版本還支援團隊合作，讓組織成員可以共同編輯與管理設計專案，有效提升協作效率。對於資源有限但需要專業設計工具的非營利機構，這是一個非常實用的解決方案。

　　總而言之，Canva 的多層次授權方案的目的在於滿足不同使用者的需求。無論是免費方案的入門體驗，還是專業版、團隊版的高效工具，甚至是針對特定需求的教育版與非營利版，每種方案都提供了針對性的功能與價值。希望以上的介紹能幫助你找到最適合的方案，充分發揮 Canva 的設計潛力！

1-4 註冊帳號

開始使用 Canva 的第一步是建立一個帳號。你可以前往其官方網站（https://www.canva.com/zh_tw/），點擊首頁的「註冊」按鈕,即可選擇使用常見的登入方式來建立帳號。你可以透過 Google 帳號、Facebook 帳號,或是輸入電子郵件地址進行快速註冊,輕鬆加入 Canva 的設計世界。

❶ 網址列輸入網址後,按下此鈕

● 如果已有帳號,請按「登入」鈕登入

❷ 選擇個人常用的帳號進行登入即可

第一次登入會詢問使用者的用途,各位可以依自己的用途自己挑選。

接著就是第一次登入主畫面,如果要開始設計作品,只要按「建立設計」鈕即可開始創作。

1-5　設計四要素：素材、字體、顏色、排版

設計是一門藝術，核心在於對細節的掌握。這些細節主要來自於四大要素：素材、字體、顏色與排版的運用與協調。這些要素如同設計的基石，能夠相輔相成地打造出吸引人的作品。使用 Canva 設計工具時，這四大要素不僅能讓你的設計更有視覺張力，還能有效傳遞資訊。以下將逐一探討這四要素的作用及實用技巧，讓你在 Canva 上的每一項創作都能脫穎而出。

1-5-1　素材：創作的基礎

素材（或稱元素）是設計的根本，就像建築的磚瓦，選擇適合的素材是成就一個成功設計的第一步。在 Canva 中，你可以輕鬆取得大量的設計素材，包括圖片、插圖、圖標、影片以及背景等。這些素材分為免費和付費兩種類型，使用者可以根據需求選擇使用。

素材的選擇應該根據設計的主題與目的。例如，若設計用於商業活動，選擇高解析度且專業感強的素材能夠提升作品的質感；而用於社群媒體時，則可以選擇更具創意與趣味性的圖片或插圖，吸引觀眾的目光。此外，Canva 的「關鍵字搜尋」功能讓你能快速篩選出符合主題的素材，例如輸入「自然」、「科技」等關鍵字，即可找到相關的圖片與圖標。

為了讓設計更加一致，素材的風格也需要統一。例如，使用插畫風的設計時，應避免混用寫實風格的照片，否則可能造成視覺上的不協調。此外，注意不要過度使用素材，過多的元素可能會讓設計看起來雜亂無章，而失去焦點。

1-5-2　字體：設計的情感語言

字體的選擇與搭配是設計中不可忽視的一環，因為文字是傳遞資訊的主要媒介。在 Canva 中，你可以找到多種字體，包括標準字體、手寫字體和藝術字體等，滿足不同設計風格的需求。字體不僅僅是視覺元素，還能夠傳遞情感。例如，粗體字體通常給人以力量與莊重的感覺，而手寫字體則更適合表現溫暖與親切。

在設計時，字體的搭配尤為重要。一般建議選擇不超過兩到三種字體進行搭配，以保持整體設計的簡潔與一致性。例如，可以使用一種字體作為標題，另一種字體用於內文，這樣能夠讓觀眾清楚地分辨出重點與內容。

另外，字體的大小與間距同樣重要。標題應該清晰可見，通常需要使用較大的字體尺寸，而內文則以易讀為主，間距適中能讓文字更具可讀性。此外，字體的顏色與背景的對比也需要充分考量，避免使用過於相似的顏色，導致文字難以辨認。

1-5-3　顏色：設計的靈魂

顏色是視覺設計中最具吸引力的元素之一，能夠直接影響觀眾的情緒與感受。在 Canva 中，你可以透過內建的調色板、顏色建議功能或自訂顏色來建立出令人驚艷的色彩搭配。選擇顏色時，應根據設計的主題和目標受眾。例如，冷色調適合傳達專業與平靜的感覺，而暖色調則更能帶來活力與熱情。

在色彩搭配方面，建議參考色彩理論，例如互補色、鄰近色和三色組合，這些都可以讓你的設計更具平衡感。此外，保持整體設計的顏色統一也是一個關鍵策略。例如，選擇一到兩種主色，搭配少量的輔助色和中性色，能讓設計看起來更具專業感。

顏色的透明度與漸變效果也可以為設計增添層次感。在 Canva 中，你可以輕鬆調整顏色的透明度，讓素材或背景更加柔和，或者使用漸變工具建立更具動態的視覺效果，增加設計的深度與吸引力。

1-5-4　排版：組織與平衡的藝術

排版是設計的結構，決定了各個元素如何協調地呈現於畫面中。良好的排版不僅能提升視覺美感，更能有效引導觀眾的視線。在 Canva 中，你可以透過拖放功能輕鬆調整元素的位置與比例，快速完成排版設計。

一個成功的排版需要考量視覺層次與資訊流。首先，確保最重要的元素（例如標題或主要圖片）放置於最引人注目的位置，例如畫面的上方或中心。同時，透過留白讓設計看起來更整潔，避免畫面過於擁擠。

此外，排版中的比例與對比也十分重要。例如，使用大小不一的文字或圖片來強調重點，能讓設計更加引人注目。對比不僅限於大小，還可以透過顏色、字體風格或素材形狀來實現。在 Canva 中，你可以使用內建的排版範本快速建立專業的版面，並根據需求進一步調整。

其實素材、字體、顏色與排版這四大設計要素各自扮演著重要的角色，只有將它們巧妙地結合起來，才能創造出真正具有吸引力與感染力的作品。

1-6 關於 Canva 作品的版權

在設計的領域，版權不僅是一種法律規範，更是一種對創作者和素材提供者的尊重。對於 Canva 使用者來說，理解作品的版權規範能幫助你避免在創作與應用過程中因疏忽而面臨版權糾紛。本節將全面解析 Canva 作品的版權規範，幫助你在創作中合法合規，從而專注於設計本身。

1-6-1 設計與版權：保護創作的基石

在從事設計工作時，版權問題是不可忽視的關鍵環節。每一個設計素材背後，都可能涉及創作者的智慧財產權。當我們使用這些素材進行創作時，不僅是借助資源，更是對創作者的成果進行加工與再創造。因此，保護版權不僅是法律上的要求，更是一種道德與專業的表現。

在 Canva 平台上，使用者可以輕鬆獲取豐富的設計資源，這些素材為我們的創作提供了無窮的可能性。然而，如果忽略了版權規範，可能會給自己帶來法律風險。例如，未經授權的商業使用或未適當標註來源，都可能引發版權糾紛。因此，瞭解並遵守 Canva 的版權規定，是每位使用者的責任。

1-6-2 Canva 作品是否可以商用？

許多使用 Canva 的使用者都會關注一個核心問題：「我在 Canva 上創作的作品能否用於商業用途？」答案取決於你所使用的素材類型以及是否遵守 Canva 的版權規範。

一般來說，Canva 的設計作品可以用於商業用途，例如公司簡報、廣告宣傳、產品包裝設計等。然而，這一切的前提是，你所使用的素材需符合商用版權規範。以下是具體說明：

★ **可以商用的素材**

1. **免費素材**：部分免費素材可能仍受限於特色授權條款，使用前應檢查 Canva 官方版權說明，遵守其使用條款，並避免轉售或單獨使用素材。
2. **付費素材**：如果你透過 Canva Pro 訂閱或單獨購買了素材，其版權通常包括商業用途，但具體條件需查看使用條款。

⭐ 不能商用的素材

1. **受限制的素材**：某些素材（例如標誌範本、人物照片等）可能受到第三方版權的限制，禁止用於商業用途。
2. **未修改或未整合的素材**：直接將 Canva 的素材下載後作為單一資源使用（例如直接銷售或分發圖片）是明確禁止的。

因此，在進行商業設計時，確保對所使用的素材版權條款有清楚瞭解，是避免問題的關鍵。

1-6-3 Canva 素材商用版權須知

Canva 的素材商用版權規定對使用者來說相對清晰明確。以下是一些使用 Canva 素材進行商用設計時的重要事項：

⭐ 範本與素材的版權

Canva 的範本和素材在設計中只能作為一部分使用，而非作為主要產品直接銷售。例如，你可以使用 Canva 的範本設計海報進行商業銷售，但不能直接銷售 Canva 的素材本身。

⭐ 創意的二次加工

Canva 鼓勵使用者對素材進行創意加工，這樣的加工設計可以更自由地用於商業用途。未經加工的原始素材則禁止直接商業化使用。

⭐ 共享與分發

即使素材用於非商業用途，共享或分發 Canva 的素材時，也應確保遵守其版權規範，例如標註來源或遵守共享條款。

⭐ 特殊素材的限制

某些素材，例如第三方提供的商標、人物肖像、音樂或影片，可能存在特殊版權限制，需特別注意使用條款中的說明。

★ 瞭解更多版權資訊

為了幫助使用者更全面地瞭解 Canva 版權規範，官方提供了詳細的版權說明頁面。你可以造訪以下連結，查詢所有與素材版權相關的條款與細節：

使用 Canva 設計數位及實體產品以供販售：
https://www.canva.com/zh_tw/help/using-canva-to-create-products-for-sale/

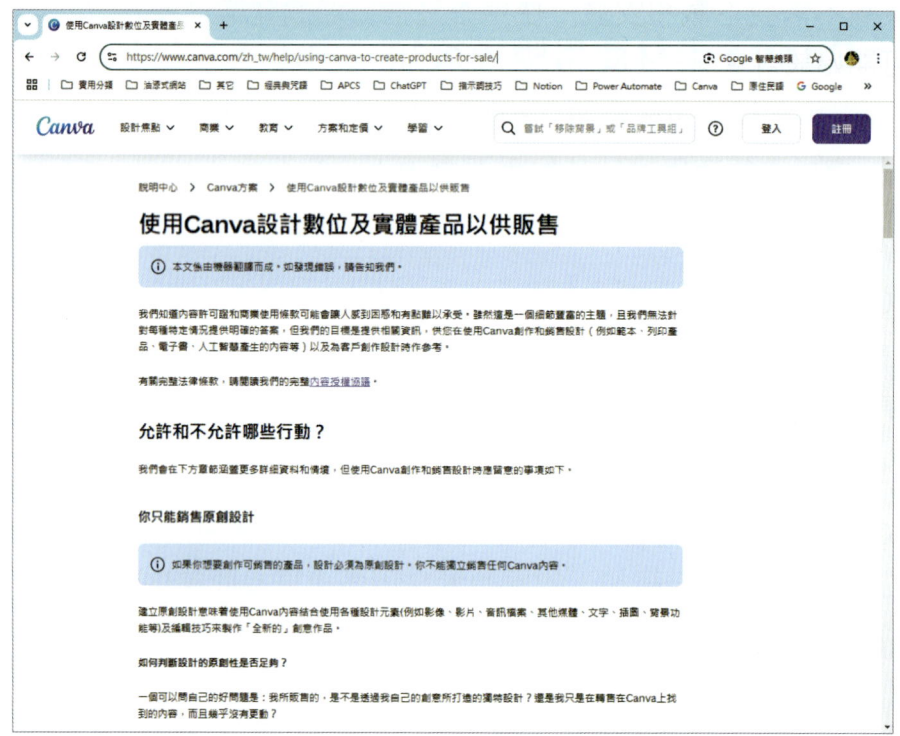

透過閱讀官方版權條款，你可以清楚掌握哪些素材可以用於商業用途，如何合法使用 Canva 提供的資源，以及避免違規的操作方法。

在設計的世界裡，版權不僅是保護創作者的權利，更是維護設計行業專業與公平的基礎。對於 Canva 的使用者而言，充分理解並遵守版權規範，不僅能夠避免潛在的法律風險，還能讓你的創作更具合法性與專業性。

Chapter 1　重點整理

1. Canva 簡介與特色功能：隨時隨地輕鬆創作、完善的素材資源與跨平台支、免費與高級方案靈活應對需求、團隊協作更高效、AI 助力打造專業設計。

2. Canva 提供了網頁版、電腦版和手機版（包括：iOS 及 Android）等多種使用方式。

3. 網頁版不需要下載和安裝，使用者只需打開瀏覽器，進入 Canva 網站，即可開始設計。

4. 網頁版支援多設備同步，無論是在電腦、平板還是手機上，使用者都能隨時隨地訪問自己的設計專案，這為需要經常出差或在不同設備間切換的使用者提供了極大的便利。

5. 電腦版可以利用本地的硬體資源，提供更快的處理速度和更穩定的執行效果，特別是在處理大型文件和複雜設計時，這一點尤為明顯。

6. 電腦版具備離線模式，即使在沒有網路連接的情況下，使用者也能夠創作和編輯設計。

7. Canva 提供了多元化的授權方案，包括：Canva 個人免費版、Canva Pro 個人專業版、Canva Teams 團隊版、Canva 教育版、Canva 非營利組織版、Canva 企業版。

8. 設計四要素：素材、字體、顏色、排版。

9. 在 Canva 中，你可以輕鬆取得海量的設計素材，包括圖片、插圖、圖標、影片以及背景等。這些素材分為免費和付費兩種類型，使用者可以根據需求選擇使用。

10. 在 Canva 中，你可以找到數百種字體，包括標準字體、手寫字體和藝術字體等，滿足不同設計風格的需求。字體不僅僅是視覺元素，還能夠傳遞情感。

11. 在 Canva 中，你可以透過內建的調色板、顏色建議功能或自定義顏色來建立出令人驚艷的色彩搭配。

12. 在 Canva 中，你可以透過拖放功能輕鬆調整元素的位置與比例，快速完成排版設計。

13. Canva 上的設計作品可以用於商業用途，例如公司簡報、廣告宣傳、產品包裝設計等。然而，這一切的前提是，你所使用的素材需符合商用版權規範。

14. Canva 素材進行商用設計時的重要事項：範本與素材的版權、創意的二次加工、共享與分發、特殊素材的限制。

Chapter 1　課後習題

■ 選擇題

_____ 1. 下列何者不是 Canva 設計工具的特色？
(A) 支援網頁版及手機版　　(B) 完善的素材資源
(C) 有免費與付費的多種方案　(D) 具備 3D 建模功能

_____ 2. 網頁版的 Canva 不包括下列何者？
(A) 支援多設備同步
(B) 完善的素材資源
(C) 更快的處理速度和更穩定的執行效果
(D) 擁有完整的功能集

_____ 3. 下列何者不是 Canva 的訂閱方案？
(A) Canva Pro　　　　　(B) Canva 鑑賞版
(C) Canva 企業版　　　　(D) Canva Teams

_____ 4. 下列何者不是設計四要素？
(A) 素材　　　　　　　(B) 顏色
(C) 特效　　　　　　　(D) 排版

_____ 5. 關於 Canva 的著作權規範，下列何者不適當？
(A) 透過 Canva Pro 訂閱或單獨購買了素材，其版權通常包括商業用途
(B) 可以單獨銷售素材
(C) 免費素材通常可以用於商業用途，但需遵守其使用條款
(D) 可以使用 Canva 的範本設計海報進行商業銷售，但不能直接銷售 Canva 的素材本身

_____ 6. 下列何者不是 Canva 的網頁版的特點？
(A) 操作介面直觀易懂
(B) 使用者不受地點與設備限制
(C) 打開瀏覽器即可立即開始
(D) 要不定期下載更新軟體

_____ 7. Canva 擁有海量素材資源包括下列何者？
(A) 高解析度圖片　　　　(B) 插圖
(C) 字體　　　　　　　　(D) 以上皆是

_____ 8. Canva 支援多種裝置操作包括下列何者？
　　　(A) 電腦　　　　　　　　　(B) 平板
　　　(C) 手機　　　　　　　　　(D) 以上皆是

_____ 9. 在 Canva 中，下列哪種方式無法有效提升設計效率？
　　　(A) 使用範本快速建立設計
　　　(B) 透過品牌套件管理顏色與字體
　　　(C) 下載並安裝額外的外掛程式
　　　(D) 使用 AI 工具進行自動排版

_____ 10. 下列何者不是 Canva 電腦版的優點？
　　　(A) 具備離線模式
　　　(B) 支援多設備同步
　　　(C) 電腦版的快捷鍵功能也更為豐富
　　　(D) 穩定性和性能上有著顯著優勢

▌問答題

1. 請簡述網頁版與電腦版的適用對象或時機。

2. 請簡介 Canva 的主要特別功能。

3. 請簡介 Canva 網頁版的使用特點。

4. 請簡介 Canva 電腦版的使用特點。

5. 請簡介 Canva 提供哪幾種授權方案。

6. 請簡介設計四要素。

7. 請舉出 Canva 素材進行商用設計時的重要事項。

8. Canva 官方網頁提供哪幾種下載版本？

2 Chapter
第一次操作 Canva 就上手

2-1 Canva 主畫面概覽：設計工作的第一站
2-2 使用 Canva 建立設計
2-3 認識編輯頁面
2-4 文字編輯操作入門
2-5 元素及圖像編輯操作入門

第一次接觸 Canva，你可能會對其豐富的功能感到眼花撩亂。但別擔心，本章將帶你完成第一次操作，從基礎介面到編輯功能，讓設計變得簡單且有趣。

2-1　Canva 主畫面概覽：設計工作的第一站

Canva 的主畫面是設計旅程的出發點，匯集了所有工具、範本和專案管理功能，讓你的創作更高效、更輕鬆。熟悉主畫面不僅能幫助你迅速定位所需功能，還能有效提升工作效率。接下來，我們將分別介紹主畫面的核心區域，包括左側的功能選單、自訂的設計工作區，以及右上角的個人選單。

2-1-1　功能主選單

在 Canva 的主畫面上，功能主選單位於畫面的左側，提供了進入各種設計工具和資源的快捷方式。主選單的主要部分包括：

⭐ 首頁

這是你的設計工作起點，展示了推薦的範本和設計靈感，方便你快速開始設計。

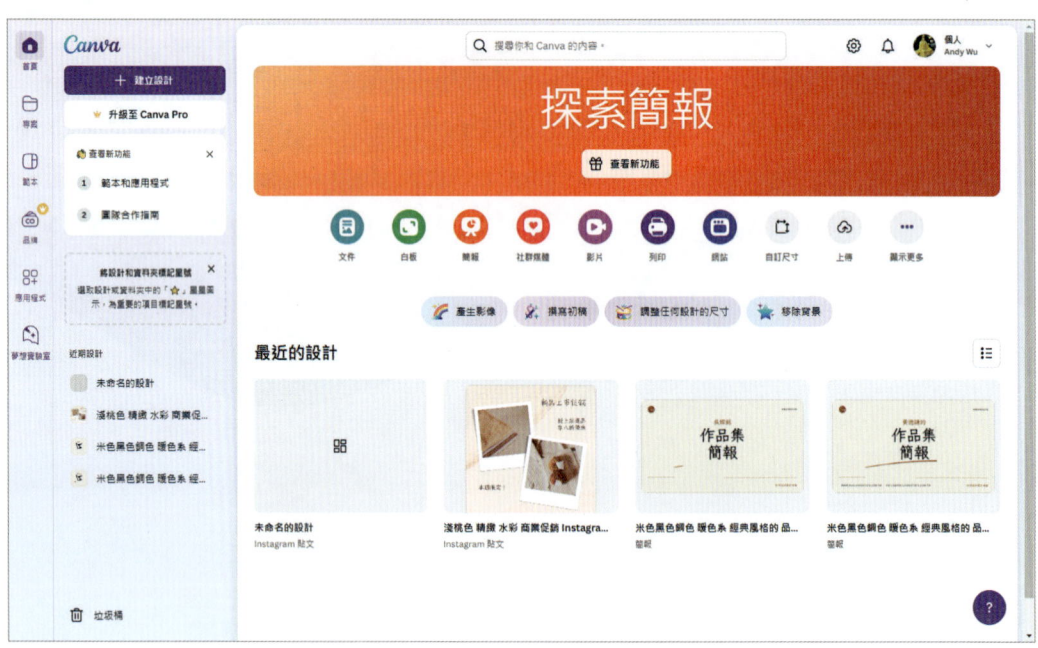

⭐ 專案

這裡集中管理你的所有設計專案，無論是正在進行中的還是已完成的都能在這裡找到。專案可以按照文件夾進行分類和管理，提高工作效率。

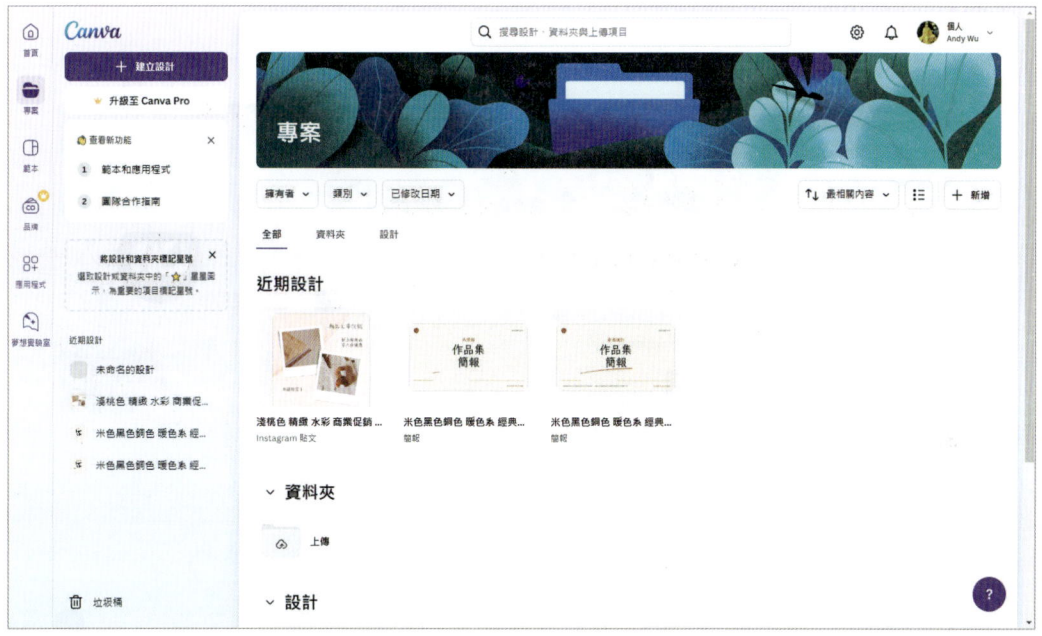

⭐ 範本

Canva 提供了大量設計範本，涵蓋各種用途和風格。無論是社群媒體圖片、簡報還是名片，都能在這裡找到合適的範本，讓設計變得簡單快捷。

⭐ 品牌

這個部分允許你管理品牌資源，如品牌色彩、字體和標誌等。這對於需要保持品牌一致性的用戶來說非常重要，可以確保所有設計都符合品牌形象。

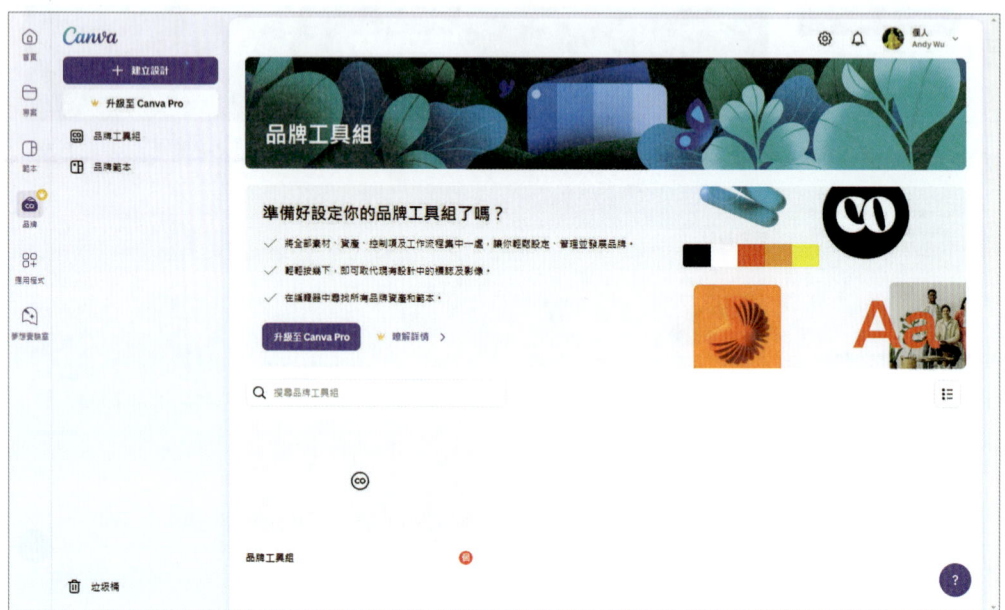

⭐ 應用程式

這裡可以存取 Canva 的各種應用和外掛程式，擴充設計功能。例如，可以使用應用程式來加上特效、整合第三方工具或使用 AI 生成內容。

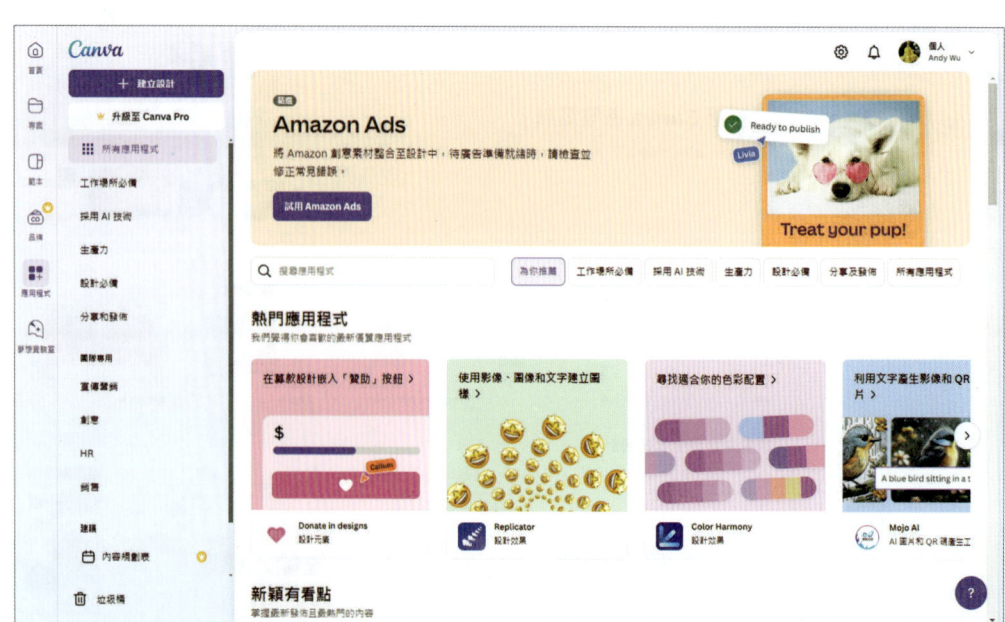

⭐ 夢想實驗室

　　這個工具可以根據你的描述生成自訂圖像，並提供多種預設風格和尺寸選擇，以滿足你的設計需求。你可以生成最多 4 張圖像，並將它們下載或用於新的 Canva 設計中。

`注意` 夢想實驗室只能從 Canva 首頁存取。

2-1-2 自訂工作區

自訂工作區讓你可以方便地管理和存取自己的設計內容。這裡主要包括已標記星號的內容和近期設計：

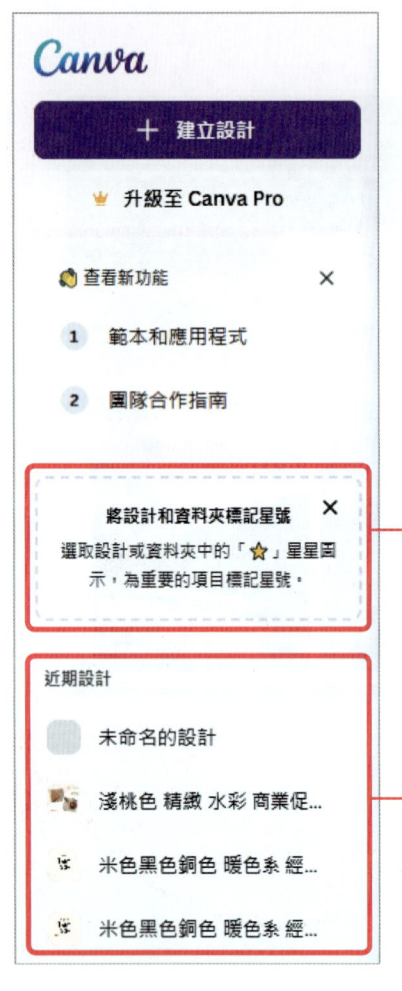

已標記星號的內容：這部分顯示你標記為重要的設計專案，方便快速存取。無論是經常修改的設計還是重要的專案，都可以標記星號來突出顯示。

近期設計：這裡顯示你最近編輯過的設計專案，讓你能夠快速返回到最近的工作進度。無需繁瑣地搜尋，直接在這裡點擊即可繼續設計。

2-1-3　個人選單

個人選單位於主畫面的右上角，包含了一些個人和帳戶管理功能。

從左至右，這些功能包括：

設定：進入帳戶設置可以管理個人資料、帳戶安全和訂閱方案等。你還可以在這裡設置語言、時區等偏好設定，讓 Canva 更加符合你的使用習慣。

通知：顯示來自 Canva 的各類通知，例如設計更新、合作邀請等。及時查看通知，確保不錯過任何重要資訊。

用戶圖示：點擊用戶圖標可以進入個人主頁，查看和編輯個人資料，管理你的設計作品和設定個人偏好。

2-2 使用 Canva 建立設計

建立設計有兩種方法：建立空白設計及開啟範本設計。

2-2-1 建立空白設計

請在首頁的左上角按下「建立設計」鈕，就會提供多種設計類型供用戶選擇。

另一種方式則是直接選取首頁中間的建立各種設計類型的工作列，直接選擇其中一個類型圖形，就會快速建立該類型空白檔案。

上圖中按下「顯示更多」鈕，會出現下圖視窗，提供更多設計類型供用戶選擇：

2-2-2　開啟範本設計

在 Canva 中，建立新設計專案非常簡單。以下是具體的步驟：

STEP 01　選擇範本：在主畫面選擇「範本」，然後選擇你需要的設計類型（例如簡報等）。

接著會出現各種簡報範本，請依自己的設計目的挑選適合的範本。

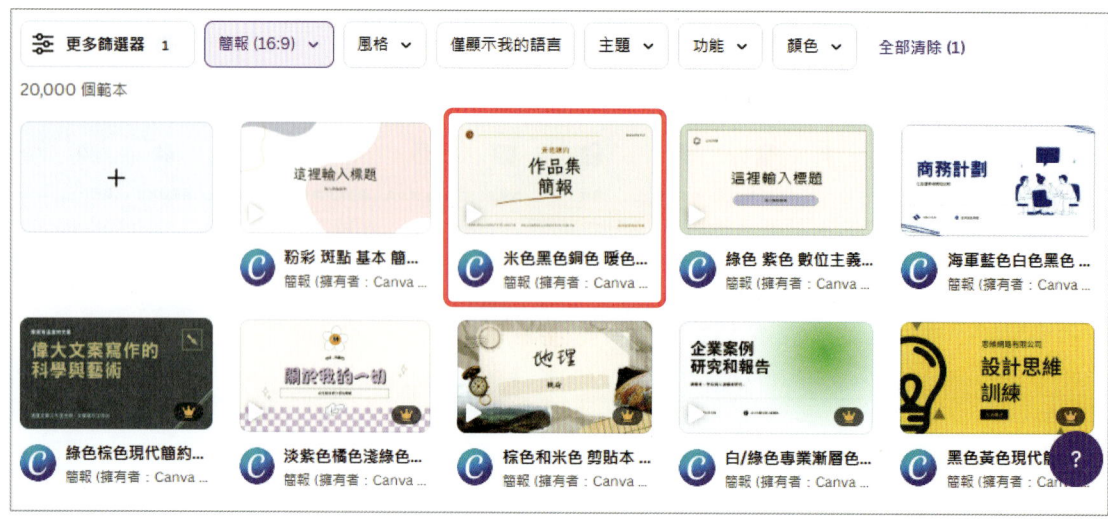

STEP 02 **開啟編輯頁面**：確認自己喜歡的範本，按下「自訂此範本」就可以開啟編輯頁面：

點擊範本後進入設計介面，你可以自由調整圖片、文字、顏色等元素。使用 Canva 提供的豐富素材庫，讓你的設計更加生動。

STEP 03 **下載和分享**：完成設計後，點擊右上角的「分享」按鈕，將設計下載到你的專案中。你還可以直接在 Canva 中分享設計，輸出為各種格式或發布到社群媒體。

2-3 認識編輯頁面

　　編輯頁面是你的設計工作坊，各種工具與功能在這裡匯聚，熟悉其結構將大大提升你的操作效率。

2-3-1　主選單

有各種按鈕，包括開啟首面的選單及自訂工作區、檔案及尺寸相關設定、編輯（評論或檢視）模式、復原與重做、儲存狀態、升級至 Canva Pro、深入分析這個設計的相關數據、新增評論、展示簡報（視設計不同會有不一樣的功能）、分享及下載設計。

2-3-2　設計工具列

當你進入 Canva 的編輯頁面時，左側的設計工具列提供了豐富的功能選項，讓你能夠方便快捷地進行各種設計操作。以下是這些按鈕的詳細功能介紹：

⭐ 設計

提供多樣化設計範本，如社群貼文、簡報、名片等。選擇範本後可直接進行編輯，適合快速建立專業設計。

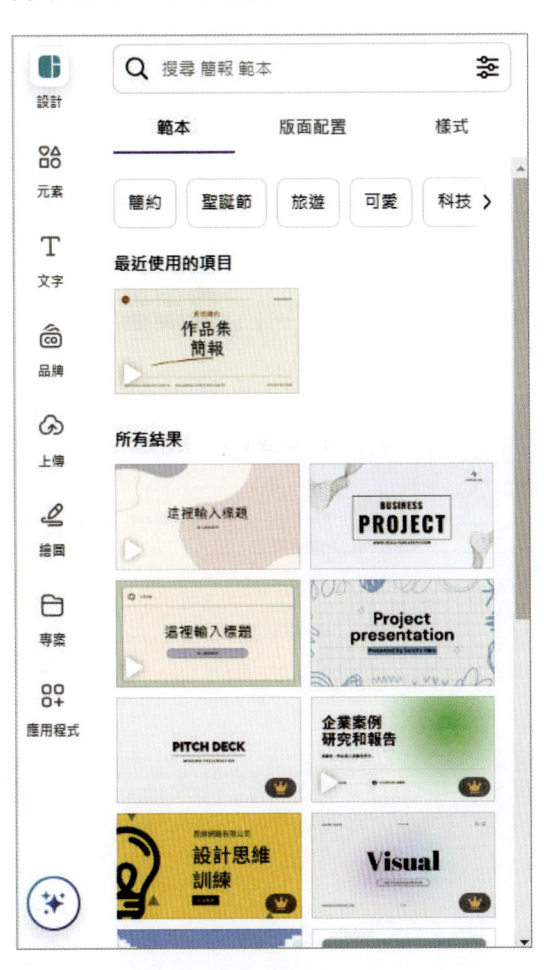

⭐ 元素

收錄豐富的圖形、圖標、照片、影片等素材，可搜尋特定風格或主題，讓作品更生動吸引人。

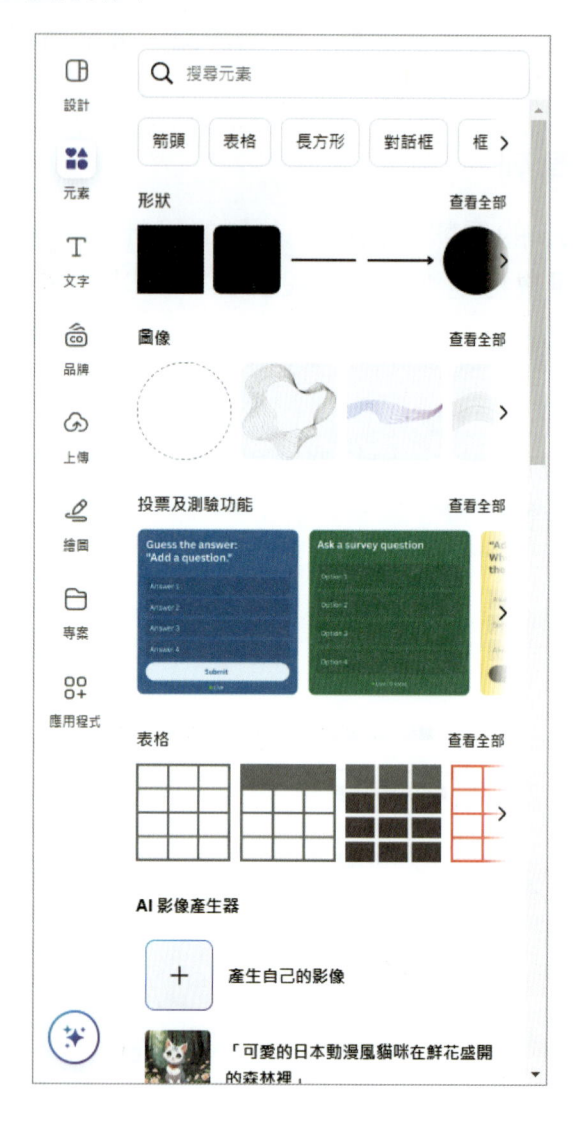

⭐ 文字

輕鬆加上標題、副標題或正文,並調整字體樣式、大小、顏色及對齊方式,增強文字的視覺效果與訊息傳達力。

⭐ 品牌

　　管理品牌色彩、字體和標誌，確保設計風格統一，適合企業或設計團隊提升效率。

⭐ 上傳

支援上傳自訂圖片、影片或音訊，可從電腦或雲端來源導入，打造獨一無二的作品。

⭐ 繪圖

內建繪圖工具，包括筆刷與圖層，適合需要個性化創意或精準設計的專案。

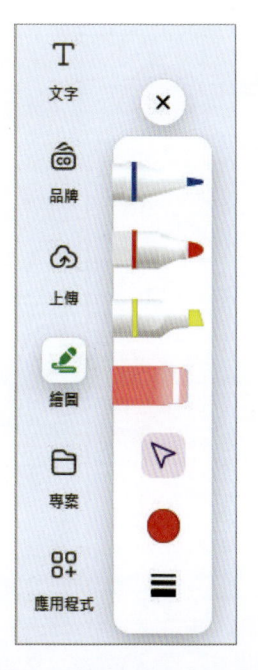

⭐ 專案

集中管理所有設計，支援分類、編輯與團隊協作，提升工作流程效率。

✪ 應用程式

擴充功能的入口,可加入特效、整合第三方服務,甚至使用 AI 工具生成設計,增加創作多樣性與效率。

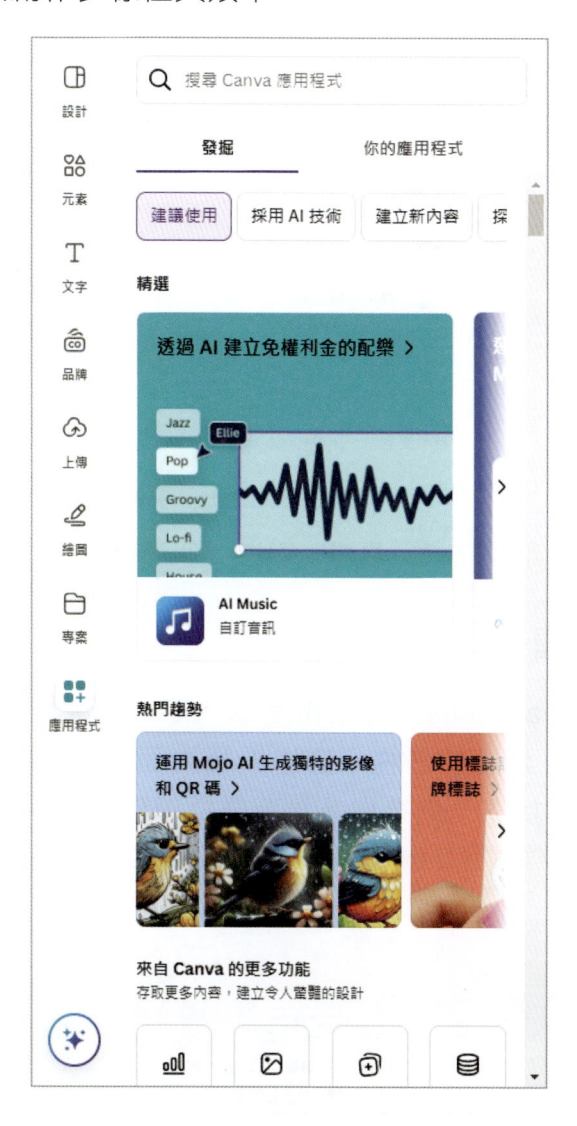

⭐ 快速動作

可以快速功能，如下圖所示：

2-3-3 設計編輯區

設計編輯區是 Canva 的核心工作區域，提供直覺且功能豐富的工具，幫助使用者快速完成各類設計任務。透過編輯頁面的工具列，你可以輕鬆運用範本、元素、文字等功能，創造出兼具專業性與創意的作品。

2-3-4 狀態列

底下是狀態列的各種資訊，其中「備註」可作為備註使用。另外中間的滑動鈕可以進行版面比例的縮放。最後 4 個按鈕由左至右的功能分別為：切換捲動檢視 / 縮圖檢視、網格檢視、全螢幕預覽、Canva 小幫手。

2-4 文字編輯操作入門

文字是設計中不可或缺的元素，不僅承載資訊，更能傳遞情感和風格。掌握 Canva 中的文字編輯技巧，能讓你的設計更具吸引力和說服力。本節將帶你從基礎開始，瞭解如何新增文字方塊、修改文字、善用文字編輯工具列的功能，為你的設計增添更多可能性。

2-4-1 新增文字方塊

在設計過程中，文字方塊是插入文字的基本單位。在 Canva 中，你可以輕鬆新增並調整文字方塊的位置和大小，確保文字與整體設計風格協調。本小節將介紹如何快速新增文字方塊，並為其進行初步設定，幫助你快速上手。

2-4-2 修改文字

新增文字後，修改內容、調整排版是讓文字與設計匹配的重要步驟。要修改文字只要先選取文字後，再進行修改即可。

2-4-3 文字編輯工具列功能簡介

Canva 的文字編輯工具列提供了豐富的設計選項，讓你能輕鬆調整文字的顏色、字體、大小，甚至加上特殊效果如陰影、漸層和透明度。

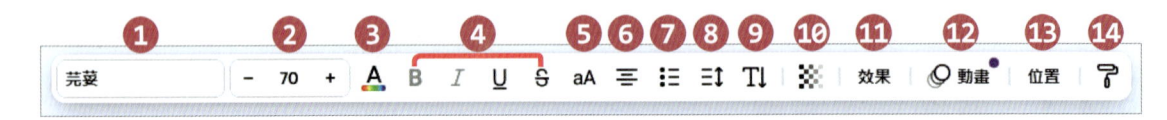

以下是各按鈕的功能簡介：

① **字型**：選擇適合設計風格的字體，部分字體還提供不同的字重選項。

② **大小**：調整文字的大小，以確保內容的層次分明。

③ **顏色**：選擇文字顏色，可使用品牌色或自訂色彩搭配。

④ **粗體、斜體、下底線、刪除線**：強調文字，增強視覺層次。

⑤ **大小寫**：切換文字的大小寫格式。

⑥ **對齊**：設定文字的對齊方式，包括左對齊、置中、右對齊和左右對齊。

⑦ **清單**：建立專案符號或編號清單，組織文字內容。

⑧ **間距**：調整字母間距和行距，優化文字的可讀性和布局。

⑨ **垂直文字**：將文字排列為垂直方向，適用於特定設計需求。

⑩ **透明度**：調整文字的透明度，創造不同的視覺效果。

⑪ **效果**：為文字添加特殊效果，如陰影、外框或模糊，增強設計的視覺層次。

⑫ **動畫**：為文字添加進出場動畫，提升設計的動態效果。

⑬ **位置**：調整文字方塊在設計中的位置，設定對齊方式或圖層順序。

⑭ **複製樣式**：複製選定文字的樣式，包括字體、大小、顏色等，並應用到其他文字上，保持設計的一致性。

2-4-4　上傳新字體

標準字體雖然方便，但有時候自訂字體能更好地表達品牌的獨特性。Canva 支援上傳自訂字體這項功能目前只開放 Canva Pro 及 Canva 教育版使用，讓你能在設計中實現品牌一致性。至於如何上傳字體的流程，首先請於字型欄位最下方找到「上傳字型」鈕，接著就可以讓各位選擇電腦中的字體檔案，以便上傳。

2-5　元素及圖像編輯操作入門

在 Canva 設計中，元素和圖像是豐富視覺效果的核心部分。透過熟練掌握形狀、線條、素材以及邊框和網格等工具，你可以讓作品更加精緻且專業。本節將帶你一步步學習如何靈活運用這些工具，無論是簡單的形狀編輯，還是進階的圖層調整，都能幫助你輕鬆提升設計質感。

2-5-1 形狀編輯

形狀是 Canva 設計中的基礎工具之一，它們可以用來構建版面、組織內容、突出重點或增強視覺效果。靈活運用形狀，能讓你的設計更具專業感和條理性。

在 Canva 中，新增形狀是設計的第一步，無論是矩形、圓形還是其他幾何圖案，都可以輕鬆完成。透過正確的操作，你能快速插入適合版面需求的形狀，並開始進一步調整。

各位只要按下側邊欄工具列的「元素/形狀」，就可以在設計中加入形狀。如果要選擇更多種形狀，可以按下「查看全部」鈕。

如果要變更形狀的背景色，只要點選要變更背景色的形狀，並在上方出現的工具列，點按「顏色」鈕就可以變更各種色彩。

至於形狀也可以在選取的狀態下，按下方的旋轉鈕，也可以進行形狀的旋轉工作。

其他進階的工作，就可以叫出功能表，如下圖所示，可以看到更多關於形狀的相關操作指令。

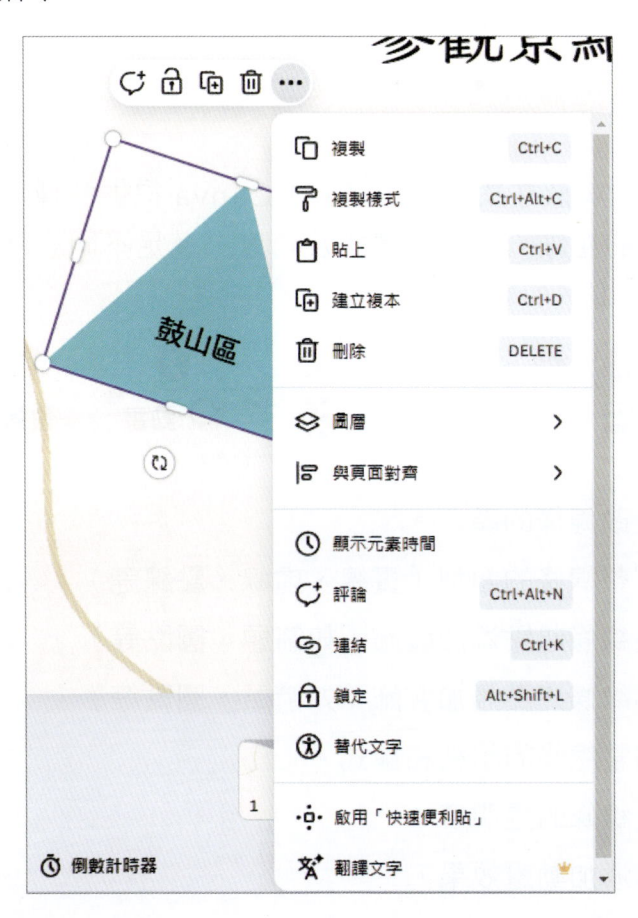

2-5-2　線段編輯

　　線段是設計中不可或缺的點綴元素，它們既能分隔內容，為版面帶來秩序感，也能用來強調設計中的重點部分。在 Canva 中，線段工具功能靈活，從基本的新增操作到進階的編輯，如調整粗細、顏色及樣式，都能輕鬆實現。在 Canva 中，你可以快速加入多種線條，並進行初步調整，以符合版面需求。

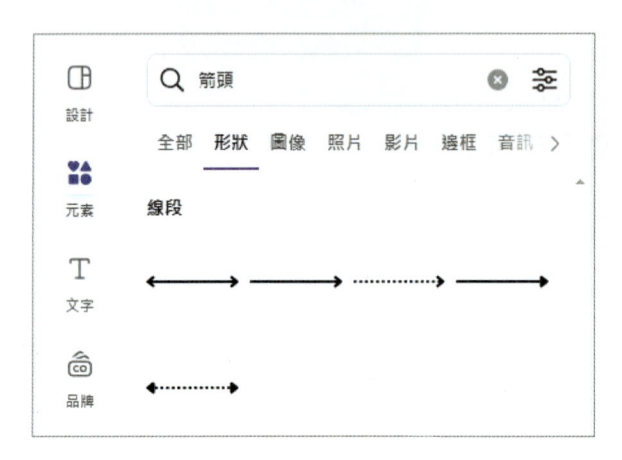

　　另外，線條的美感在於細節的調整。Canva 提供多種編輯功能，讓你可以輕鬆調整線條的粗細、顏色、樣式及角度，滿足不同設計需求。這裡列出線條編輯的常用功能：

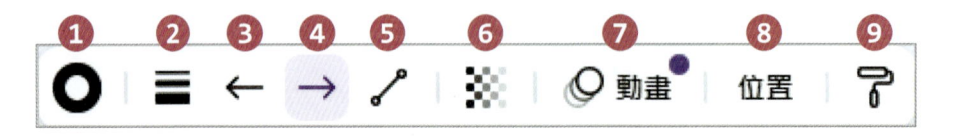

❶ **線條顏色**：更改線條的顏色。

❷ **線條樣式**：調整線條的類型（實線、虛線、點線等）。

❸ **線條起點**：為線條起點添加裝飾（如箭頭、圓點等）。

❹ **線條終點**：為線條終點添加裝飾（如箭頭、圓點等）。

❺ **線條類型**：調整線條的粗細和樣式。

❻ **透明度**：調整線條的透明度。

❼ **動畫**：為線條添加動畫效果。

❽ **位置**：調整線條的圖層位置。

❾ **複製樣式**：複製線條的樣式至其他物件。

2-5-3　素材相關操作

　　視覺素材是設計中不可或缺的核心元素，它們能快速吸引目光並增強資訊傳遞的效果。Canva 的素材庫提供了豐富的圖片、圖標和插畫，滿足各種設計需求。此外，善用圖層順序的調整，更能讓設計呈現出條理與專業感。本小節將帶你學習如何有效搜尋素材，並靈活調整圖層順序，為你的設計增添魅力與結構感。

　　在 Canva 中，找到合適的素材是設計成功的第一步。透過內建的素材搜尋功能，你可以快速定位所需的圖片、圖標或插畫。要搜尋素材時，請按下側邊欄工具列的「元素／圖像」，並輸入要搜尋圖像的關鍵字，例如：車子。

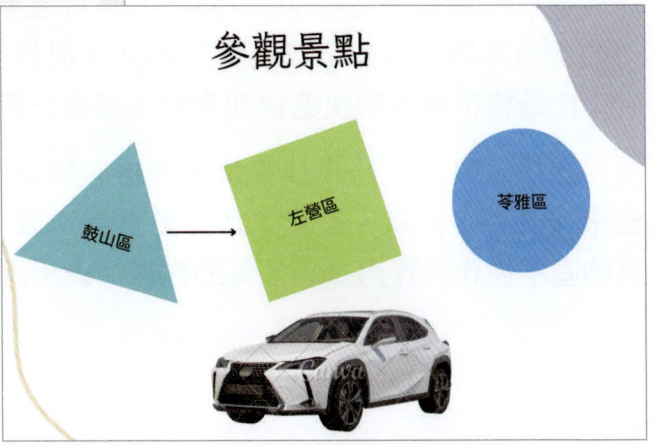

素材編輯工具列由左至右的功能包括：編輯、背景移除工具、框線樣式、邊角圓化、裁切、翻轉、透明度、動畫、位置等。

另外，設計中的圖層順序決定了素材的呈現方式，是建立層次感和結構感的關鍵。要如何調整素材的圖層順序，必須先點選素材或照片，會在上方出現工具列，再點選「位置 / 圖層」，就可以輕鬆拖曳或調整素材的前後位置，讓各元素之間更具協調性。

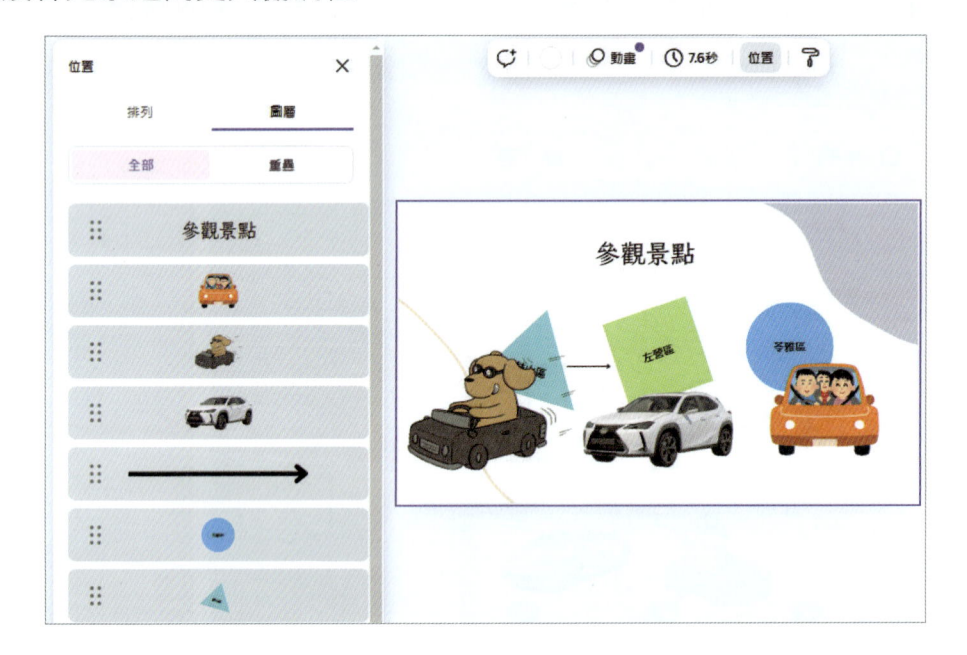

2-5-4　邊框與網格

邊框和網格是 Canva 中強大的設計工具，能幫助你建立整齊且具吸引力的版面布局。邊框可以為圖片和文字提供視覺上的框架，增強內容的層次感，而網格則能協助快速排列素材，實現整齊的設計效果。

邊框工具是提升設計質感的利器，無論是為圖片加上細邊框，還是用邊框來突出特定元素，都能讓作品更具層次感與吸引力。本小節將介紹邊框工具的基本操作與實用技巧，幫助你靈活運用邊框提升設計效果。

請按下側邊欄工具列的「元素 / 邊框」，就可以找到多種樣式的邊框。如下圖所示：

接著就可以將喜歡的圖片套用在所選定的邊框，就會在該圖像的四周出現該邊框的外觀效果。

而網格工具是整理版面的好幫手，透過固定的框架，你可以快速排列圖片與文字，確保內容整齊一致。在 Canva 中，網格工具還支援自動調整圖片比例，讓設計過程更加簡單流暢。首先請按下側邊欄工具列的「元素」，輸入關鍵字「網格」去進行搜尋，就可以查看各式各樣的網格。

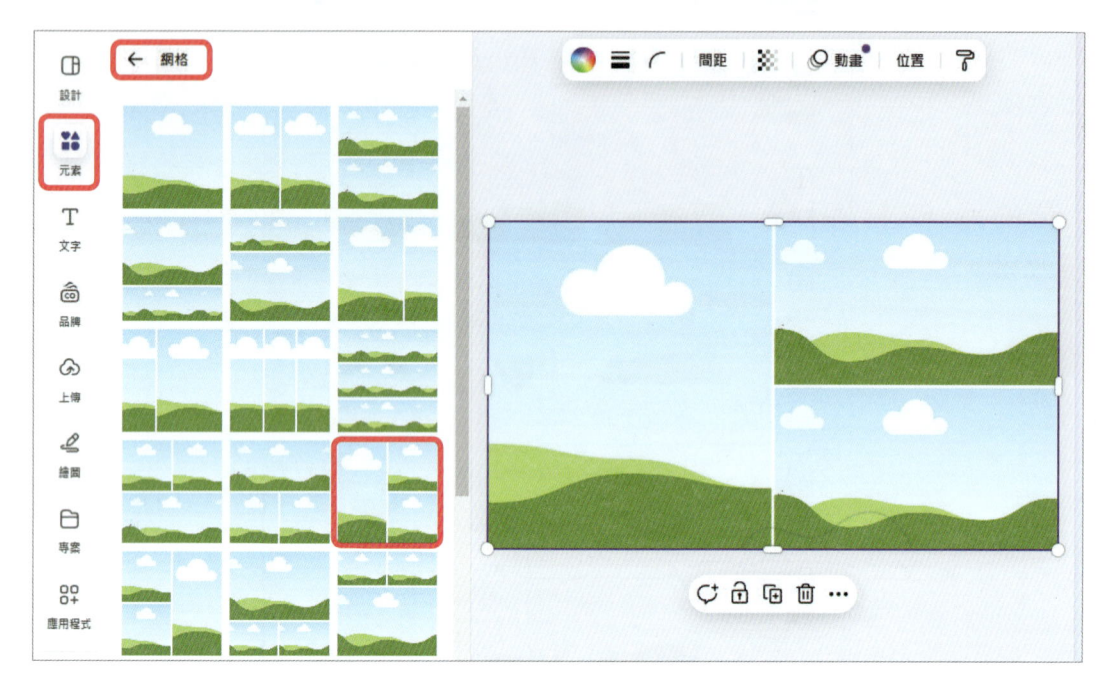

　　接著就可以分別在該類型網格中插入自己設定的圖像，就會出現類似下圖井然有序的排版效果。

Chapter 2　重點整理

1. 在 Canva 的主畫面上，功能主選單位於畫面的左側，提供了進入各種設計工具和資源的快捷方式。

2. 首頁：這是你的設計工作起點，展示了推薦的範本和設計靈感，方便你快速開始設計。

3. 專案：這裡集中管理你的所有設計專案，無論是正在進行中的還是已完成的都能在這裡找到。專案可以按照文件夾進行分類和管理，提高工作效率。

4. 範本：Canva 提供了大量設計範本，涵蓋各種用途和風格。無論是社群媒體圖片、簡報還是名片，都能在這裡找到合適的範本，讓設計變得簡單快捷。

5. 品牌：這個部分允許你管理品牌資源，如品牌色彩、字體和標誌等。這對於需要保持品牌一致性的用戶來說非常重要，可以確保所有設計都符合品牌形象。

6. 應用程式：這裡可以存取 Canva 的各種應用和外掛程式，擴充設計功能。例如，可以使用應用程式來加上特效、整合第三方工具或使用 AI 生成內容。

7. 夢想實驗室：這個工具可以根據你的描述生成自訂圖像，並提供多種預設風格和尺寸選擇，以滿足你的設計需求。

8. 自訂工作區讓你可以方便地管理和存取自己的設計內容。這裡主要包括已標記星號的內容和近期設計。

9. 個人選單位於主畫面的右上角，包含了一些個人和帳戶管理功能。

10. 個人選單從左至右，這些功能包括：設定、通知、用戶圖示。

11. 建立設計有兩種方法：建立空白設計及開啟範本設計。

12. 建立空白設計：在首頁的左上角按下「建立設計」鈕，就會提供多種設計類型供用戶選擇。另一種方式則是直接選取首頁中間的建立各種設計類型的工作列，直接選擇其中一個類型圖形，就會快速建立該類型空白檔案。

13. 開啟範本設計具體的步驟：選擇範本、開啟編輯頁面、下載和分享。
14. 編輯頁面包括：主選單、設計工具列、設計編輯區、狀態列。
15. 設計工具列提供了豐富的功能選項，讓你能夠方便快捷地進行各種設計操作。
16. 設計編輯區是 Canva 的核心工作區域，透過編輯頁面的工具列，你可以輕鬆運用範本、元素、文字等功能，創造出兼具專業性與創意的作品。
17. 在 Canva 中，你可以輕鬆新增並調整文字方塊的位置和大小，確保文字與整體設計風格協調。
18. Canva 的文字編輯工具列提供了豐富的設計選項，讓你能輕鬆調整文字的顏色、字體、大小，甚至加上特殊效果如陰影、漸層和透明度。
19. Canva 支援上傳自訂字體這項功能目前只開放 Canva Pro 及 Canva 教育版使用，讓你能在設計中實現品牌一致性。
20. 形狀可以用來構建版面、組織內容、突出重點或增強視覺效果。靈活運用形狀，能讓你的設計更具專業感和條理性。
21. 線段工具功能靈活，從基本的新增操作到進階的編輯，如調整粗細、顏色及樣式，都能輕鬆實現。
22. Canva 的素材庫提供了豐富的圖片、圖標和插畫，滿足各種設計需求。此外，善用圖層順序的調整，更能讓設計呈現出條理與專業感。
23. 圖層順序決定了素材的呈現方式，是建立層次感和結構感的關鍵。
24. 邊框可以為圖片和文字提供視覺上的框架，增強內容的層次感，而網格則能協助快速排列素材，實現整齊的設計效果。
25. 網格工具是整理版面的好幫手，透過固定的框架，你可以快速排列圖片與文字，確保內容整齊一致。

Chapter 2　課後習題

選擇題

_____ 1. 下列何者不是功能主選單的功能？
　　　(A) 首頁　　　　　　　　(B) 專案
　　　(C) 範本　　　　　　　　(D) 設計

_____ 2. 我們可以在功能主選單中的哪一個功能存取外掛程式？
　　　(A) 首頁　　　　　　　　(B) 專案
　　　(C) 範本　　　　　　　　(D) 應用程式

_____ 3. 下列關於自訂工作區的功能描述，何者不正確？
　　　(A) 可以方便地管理和存取自己的設計內容
　　　(B) 顯示你標記為重要的設計專案
　　　(C) 顯示所有 Canva 範本
　　　(D) 會列出近期設計

_____ 4. 個人選單的功能不包括下列何者？
　　　(A) 建立設計　　　　　　(B) 設定
　　　(C) 通知　　　　　　　　(D) 用戶圖示

_____ 5. 下列何者不是 Canva 建立設計的類別？
　　　(A) 簡報　　　　　　　　(B) 網站
　　　(C) 影片　　　　　　　　(D) 程式碼設計

_____ 6. 品牌允許你管理品牌資源包括下列何者？
　　　(A) 品牌色彩　　　　　　(B) 品牌字體
　　　(C) 品牌標誌　　　　　　(D) 以上皆是

_____ 7. Canva 應用程式的功能包括下列何者？
　　　(A) 加上特效　　　　　　(B) 整合第三方工具
　　　(C) 使用 AI 生成內容　　(D) 以上皆是

_____ 8. 使用 Canva 設計時，下列操作何者錯誤？
　　　(A) 可以選擇範本直接開始設計
　　　(B) 可以開啟空白畫布自由創作
　　　(C) 必須先下載應用程式才能建立設計
　　　(D) 可透過「建立設計」按鈕選擇不同類型

_____ 9. 下列何者**不是** Canva 夢想實驗室的功能？
(A) 建立個人的品牌
(B) 根據你的描述生成自訂圖像
(C) 提供多種預設風格和尺寸選擇
(D) 生成圖像可供下載

_____ 10. 編輯頁面的設計工具列**不包括**下列何者？
(A) 設計　　　　　　　　(B) 元素
(C) 文字　　　　　　　　(D) 下載

問答題

1. 請簡在 Canva 的主畫面上功能主選單包括哪些部分。

2. 請簡介 Canva 的自訂工作區的主要功能。

3. 請舉出兩種在 Canva 建立設計的方式。

4. 請問開啟範本設計建立新設計專案具體的步驟為何？

5. 請舉出至少 5 種 Canva 設計工具列的功能。

6. 請簡介邊框與網格的主要特點。

7. 請舉出 Canva 夢想實驗室這項工具的主要功能。

8. 請舉出 Canva 建立空白設計的兩種方式。

3 Chapter 影像視覺設計與影片剪輯

3-1 範本的選擇與應用
3-2 媒體素材的整理與分類
3-3 圖片濾鏡效果應用
3-4 實用的影像視覺設計
3-5 Canva 影片剪輯操作入門

在視覺設計的世界中,圖像與影片是最直觀的表達形式。本章將帶你深入探索影像設計的多元技巧與影片剪輯的入門操作,幫助你提升創作的專業度。

3-1 範本的選擇與應用

範本是 Canva 的核心資源之一，無論是設計新手還是專業設計師，都能從中找到靈感與便利。透過範本，你可以快速建立精美的設計，節省時間的同時保持高品質。本小節將帶你學習如何挑選適合的範本，並靈活應用範本中的設計元素，助你輕鬆完成各類創作。

3-1-1 以關鍵字找尋設計範本

想要快速找到心目中的範本？利用關鍵字搜尋是最直接有效的方法。在 Canva 中，你可以透過輸入關鍵字，篩選出與你需求匹配的範本。

要以關鍵字找尋設計範本，首先請在 Canva 主畫面切換到「範本」標籤，並於上方輸入要找尋範本的關鍵字，例如「旅遊」，就可以找到各種和關鍵字有關的風格或尺寸的設計範本。

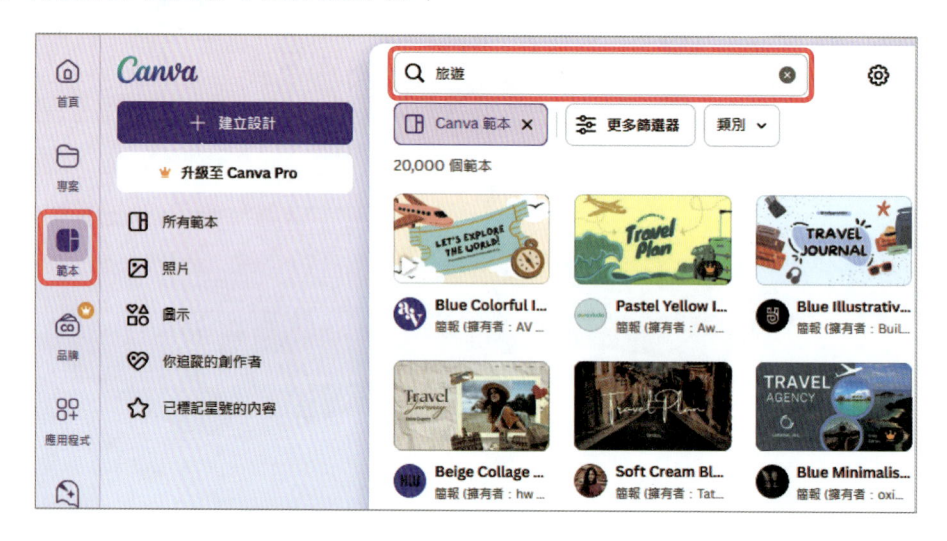

接著選擇合適的範本縮圖，就會開啟該範本的專頁，請再按「自訂此範本」鈕。

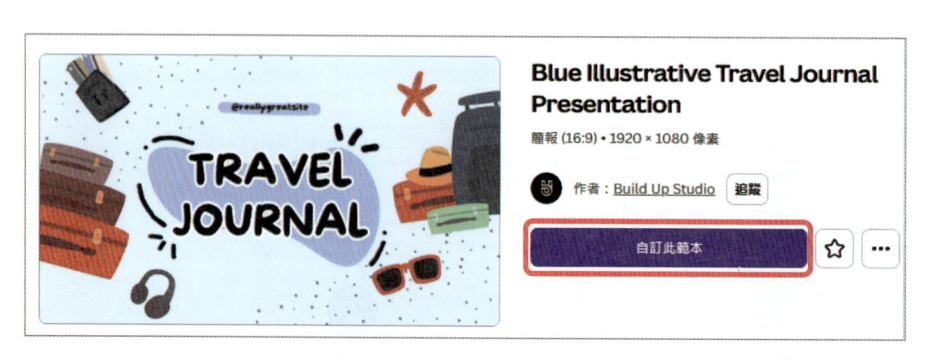

就可以在專案的編輯區開啟該範本來加以使用。如下圖所示：

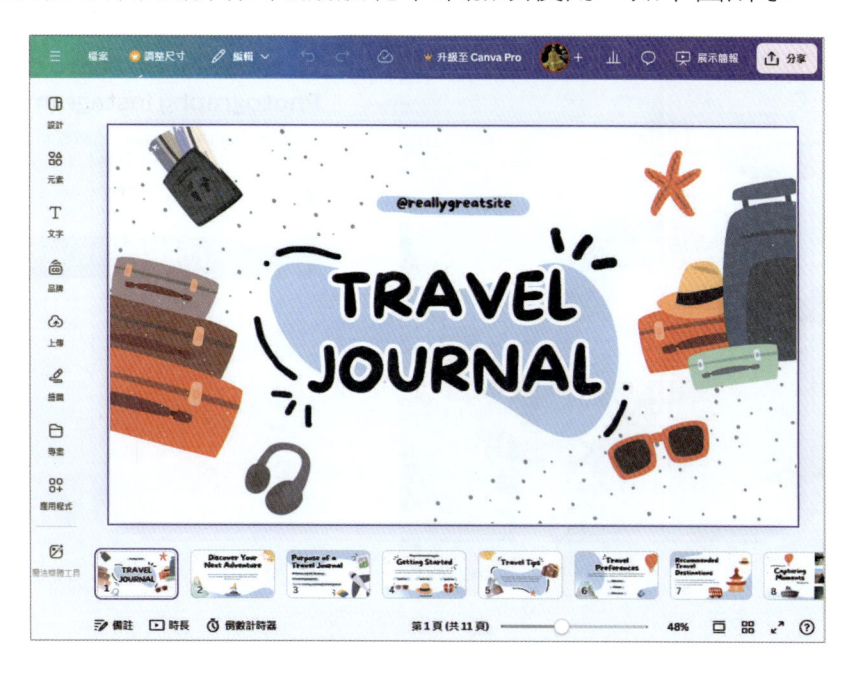

3-1-2 以類別篩選挑選設計範本

　　Canva 的範本按類別分類，涵蓋多種設計需求，例如簡報、社群貼文、行銷素材等。透過選擇類別，你可以更有針對性地挑選適合的範本。要以類別篩選挑選設計範本，首先請在 Canva 主畫面切換到「範本」標籤，並於右側的的分類範本的側邊欄挑選適合的設計範本，例如：「社交媒體 / Instagram 貼文」。

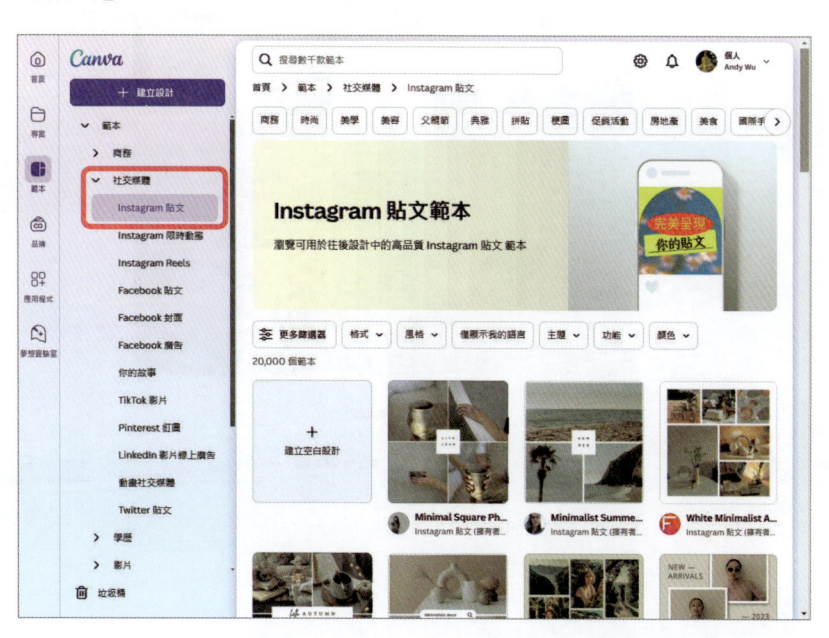

選擇合適的範本縮圖，就會開啟該範本的專頁，請再按「自訂此範本」鈕。

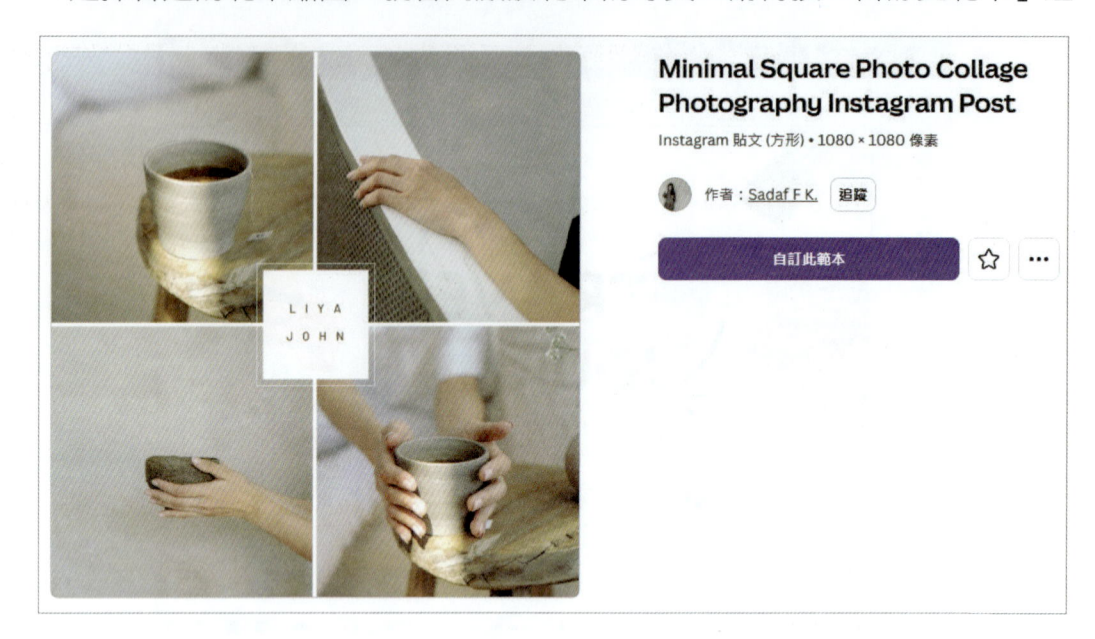

就可以在專案的編輯區開啟該範本來加以使用。如下圖所示：

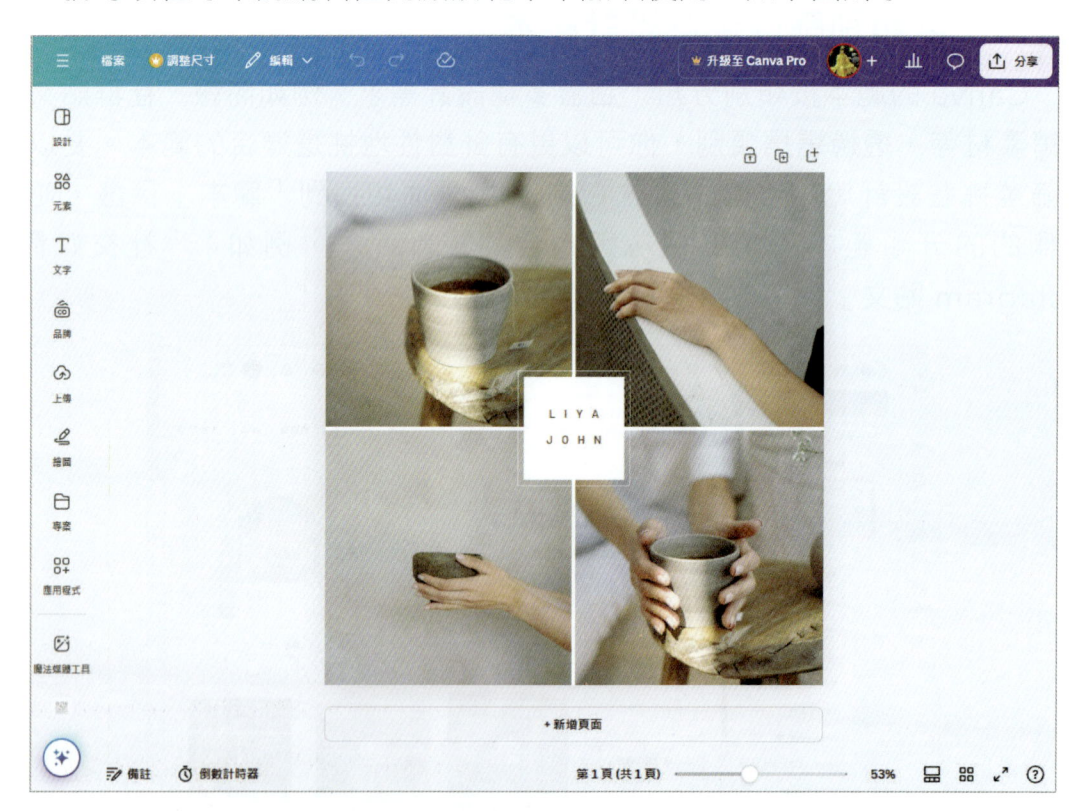

3-1-3　更多篩選器

除了關鍵字與類別，Canva 還提供其他強大的篩選功能，例如範本風格、顏色和格式，讓你能更細緻地挑選最符合專案需求的範本。要使用「更多篩選器」請在範本頁面的上方，按下「更多篩選器」：

會出現「篩選器」窗格，請依自己要找尋範本的格式、風格、語言、主題進行篩選條件的勾選，最後按下「套用」鈕。

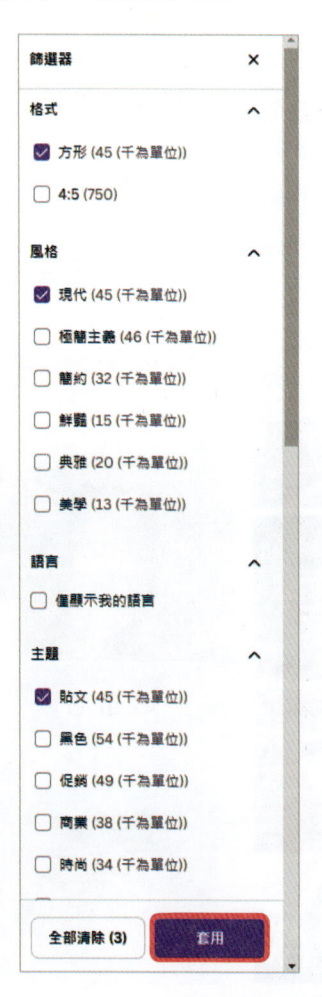

就可以列出符合篩選條件的範本，如下圖所示：

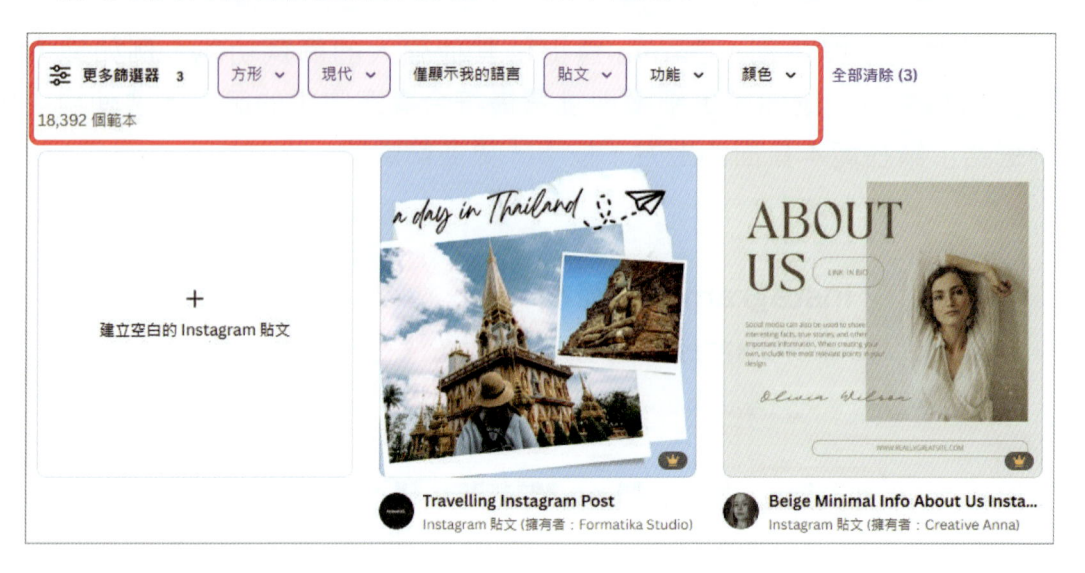

3-1-4 在專案搜尋範本

當你已經在進行設計時，想要快速加入其他範本中的元素，Canva 提供了在專案內直接搜尋範本的功能，讓設計過程更靈活且高效。要在專案搜尋範本，首先請先進入專案的編輯畫面，接著按側邊欄的「設計」，就可以於搜尋方塊中輸入要找尋範本的關鍵字，例如「杯子」。

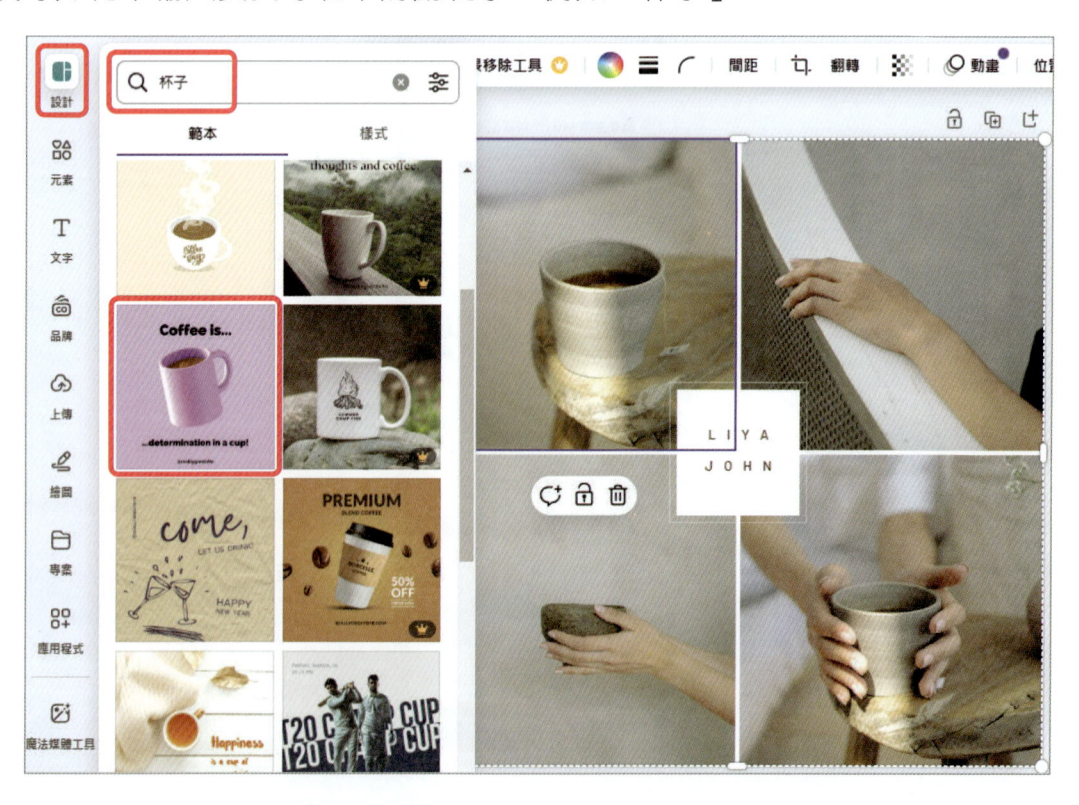

找到後就可以挑選適合的設計範本，如下圖所示：

也可以在搜尋方塊右側的「☲」鈕開啟篩選器，還可以設定顏色及語言，以確保所列出的範本符合篩選條件。

3-2 媒體素材的整理與分類

在設計過程中，找到合適的素材往往是效率的關鍵。一個組織有序的素材庫，不僅能讓你快速定位所需資源，還能提升創作的靈活性與流暢度。本小節將帶你學習如何整理與分類 Canva 中的媒體素材，包括收藏範本與元素，以及將素材進行分類管理，幫助你建立高效的設計流程。

3-2-1 收藏範本及元素

面對豐富多樣的範本與設計元素，將常用或喜愛的項目收藏起來能大幅提升搜尋效率。Canva 提供便捷的收藏功能，讓你能隨時保存靈感或素材，供後續設計使用。如果你看到喜歡範本想要保留下來，可以透過範本右上角的「☆」鈕將其標記下來。

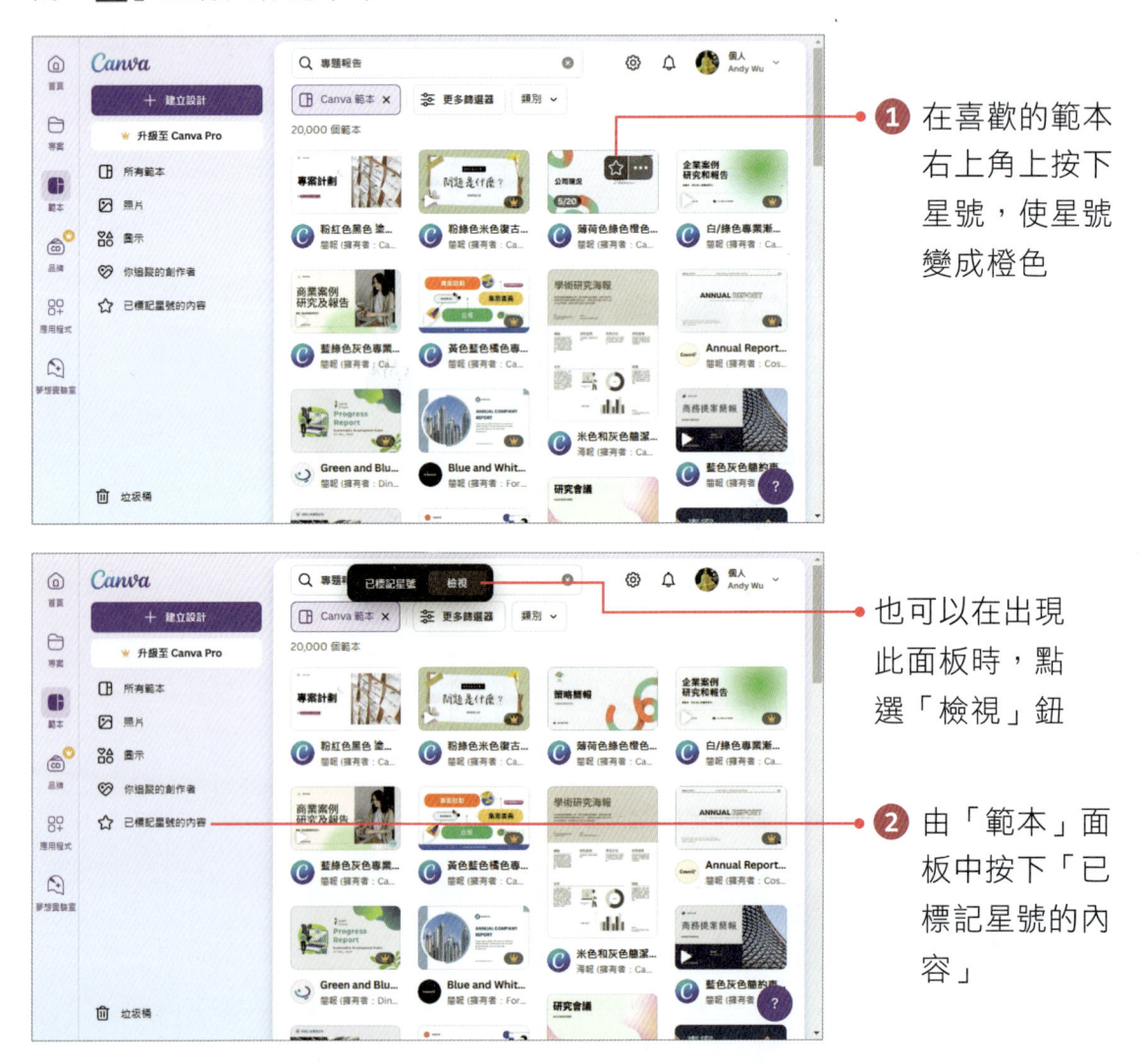

① 在喜歡的範本右上角上按下星號，使星號變成橙色

● 也可以在出現此面板時，點選「檢視」鈕

② 由「範本」面板中按下「已標記星號的內容」

❸ 自動切換到「專案」鈕，並顯示所有已標記星號的範本

另外在設計作品中，要將喜歡的元素保存下來，可透過右鍵執行「資訊」指令，再點選「☆ 標記星號」指令即可。

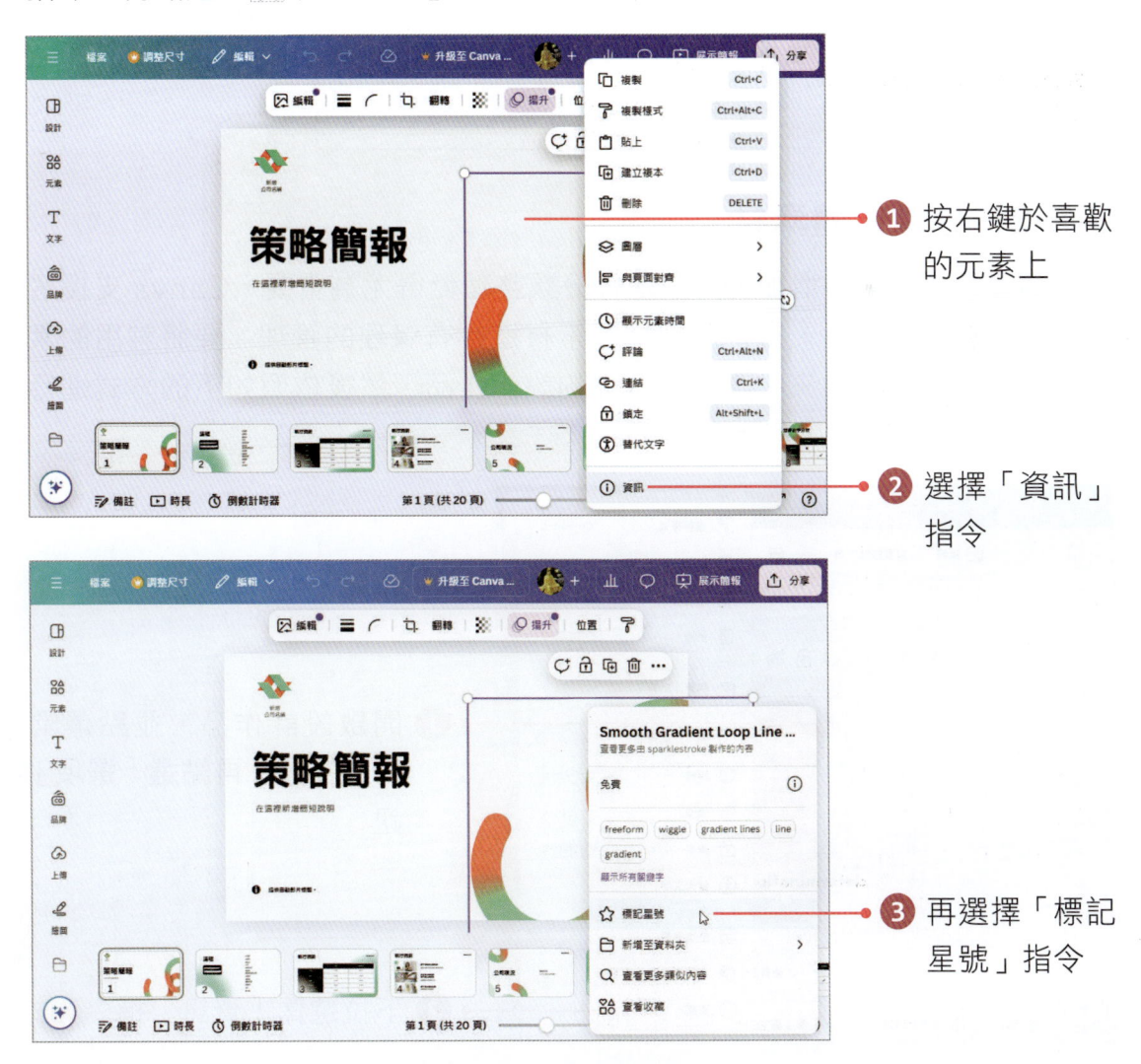

❶ 按右鍵於喜歡的元素上

❷ 選擇「資訊」指令

❸ 再選擇「標記星號」指令

3 影像視覺設計與影片剪輯

63

設定完成後，由「範本」面板中按下「已標記星號的內容」，一樣會切換到「專案」面板，即可看到剛剛標記的元素。

⭐ 取消標記星號

對於不要保存已標記的範本或元素，可以在該項目的右側按下「⋯」選項」來取消標記星號。

❶ 按「選項」鈕

❷ 點選此指令即可刪除標記

3-2-2 分類媒體素材

隨著素材數量的增加，對其進行分類整理變得尤為重要。Canva 支援透過資料夾功能將圖片、影片、圖標等素材進行有條理的管理。要將常用的素材新增至指定的資料夾，請先開啟你的設計作品，然後依照如下的方式進行設定，就可以隨時運用些元素：

❶ 開啟設計作品，並點選常用的插圖，再點選「選項」鈕

❷ 下拉選擇「資訊」指令

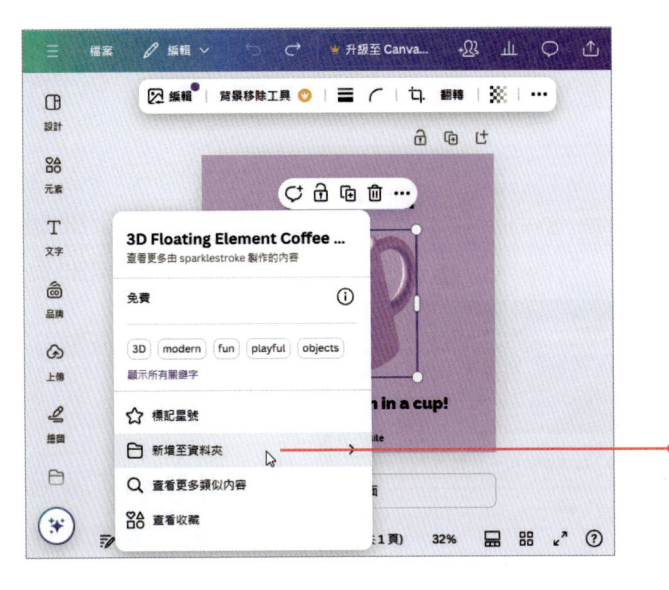

❸ 接著選擇「新增至資料夾」指令

❹ 點選「建立新資料夾」指令

❺ 輸入資料夾名稱

❻ 按下「移至新資料夾」鈕

3 影像視覺設計與影片剪輯

65

經過如上的步驟，該素材就會存在「專案」裡。請先重新整理網頁，切換到「專案」，就可以在「資料夾」標籤中看到新增的資料夾與元素。

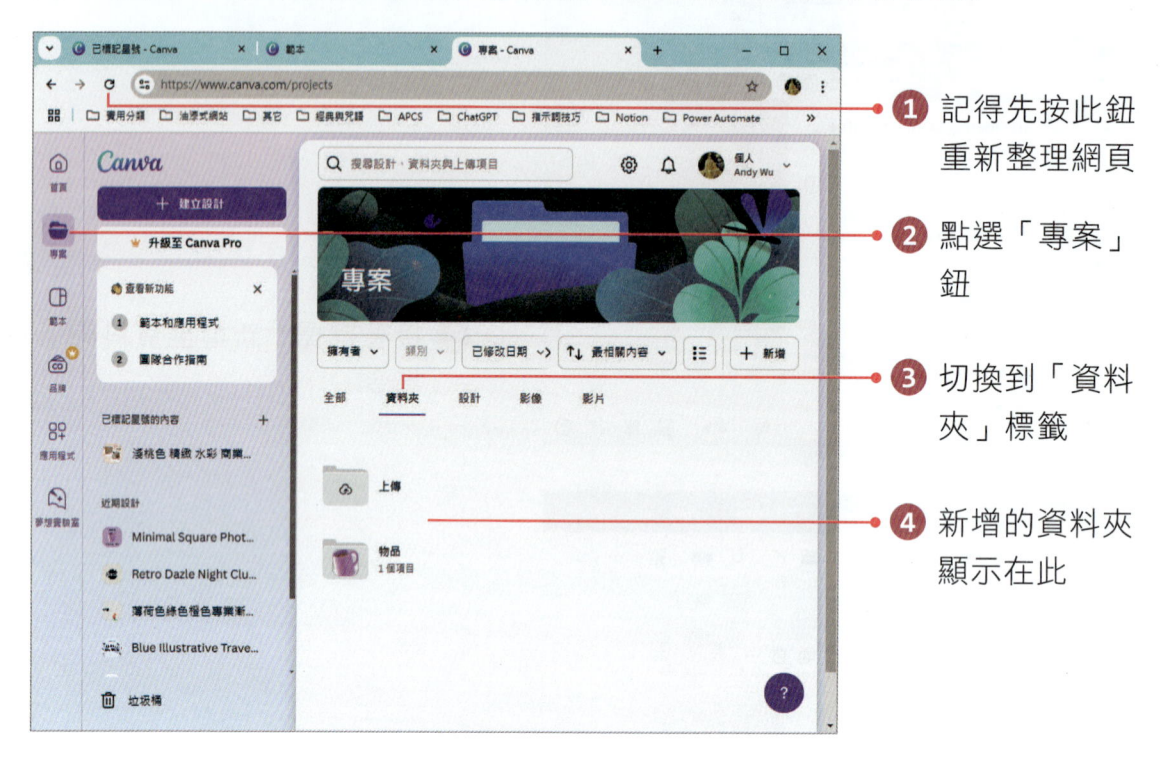

① 記得先按此鈕重新整理網頁

② 點選「專案」鈕

③ 切換到「資料夾」標籤

④ 新增的資料夾顯示在此

如果你要將常用的設計範本儲存在一個資料夾中，只要在範本縮圖的右側按下「選項」鈕，即可移至的資料夾。

① 專案範本右側按下「選項」鈕

② 選此指令，同前面方式設定資料夾

✪ 管理與刪除素材／範本

對於整理過的素材、設計範本或資料夾，按下「⋯ 選項」鈕就可以執行各項的管理工作，諸如：建立複本、下載、移至垃圾桶…等。

✪ 從垃圾桶救回被刪除的素材

對於已經丟到垃圾桶的設計、影像素材或是視訊，只要丟棄的素材尚未超過 30 天，你都有機會從垃圾桶中還原回來。請點選「🗑 專案」鈕，在面板中點選「垃圾桶」，就可以在右側看到「設計」、「影像」、「視訊」等標籤。按下素材右側的「選項」鈕，即可選擇「還原」指令。

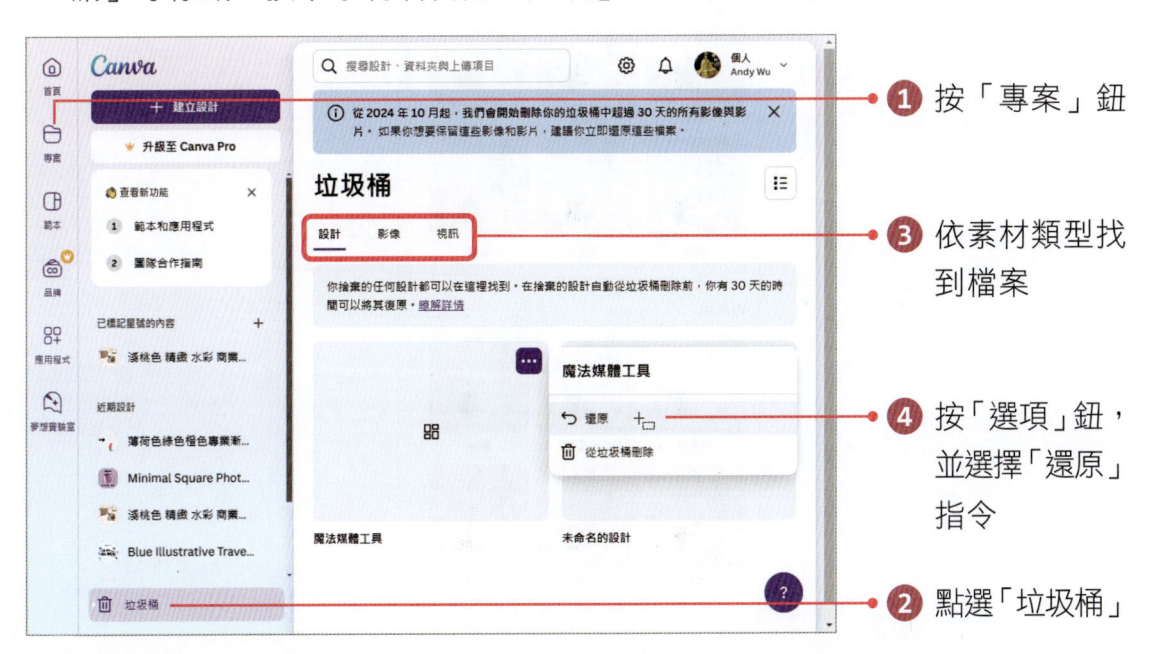

① 按「專案」鈕

③ 依素材類型找到檔案

④ 按「選項」鈕，並選擇「還原」指令

② 點選「垃圾桶」

3-3　圖片濾鏡效果應用

濾鏡與效果是賦予圖像獨特魅力的利器,在「圖片」選取狀態下,按上方的「編輯」鈕,可以看到各種濾鏡。

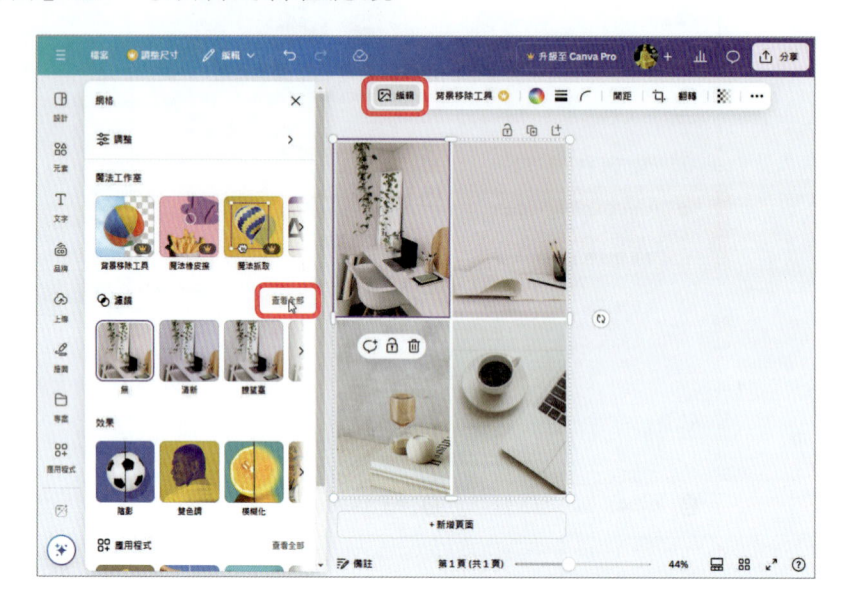

在上圖按下「查看全部」,就可以看到所有的濾鏡。如下圖所示:

接著就可以依圖片的特性套用到適合的濾鏡效果，如下圖所示：

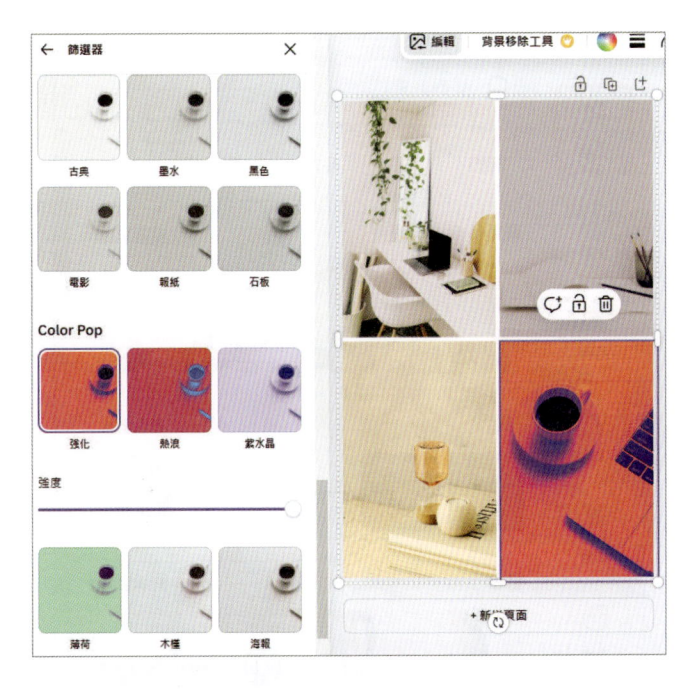

3-4 實用的影像視覺設計

影像設計在現代視覺傳達中扮演關鍵角色，無論是社群媒體內容、商業廣告，還是學術簡報，一張設計精美的圖片都能提升視覺吸引力。

3-4-1 圖片或圖像元素的搜尋

在設計中，找到合適的圖片或圖像元素是第一步。在 Canva 中，要針對照片、圖片、圖像元素等進行搜尋，主要有兩個地方：

1. 進入 Canva 首頁後，點選左側的「🔲 範本」鈕，就可以進行「照片」或「圖示」的搜尋。

❶ 點選「範本」

❷ 由此進行「照片」或「圖示」的搜尋

2. 選取範本進行設計時，左側的「⬛ 元素」鈕可進行插圖的搜尋。

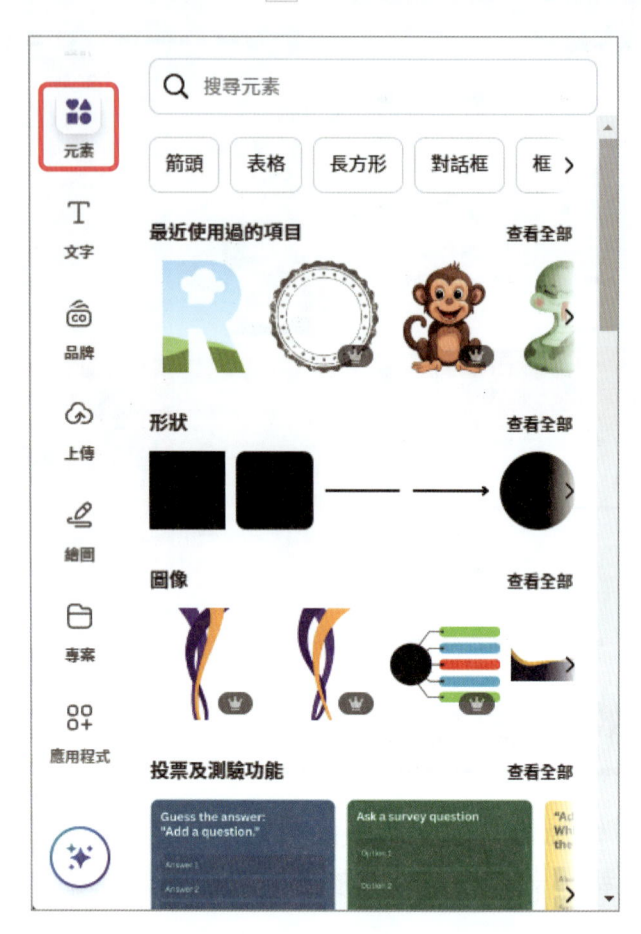

Canva 提供大量令人驚艷的視覺元素和影像，可讓使用者作個人或商業用途，避免了圖像權侵權的煩惱。想要製作什麼樣的主題，直接在搜尋列上輸入關鍵詞即可找到。這裡以「範本」鈕的「照片」功能為例：

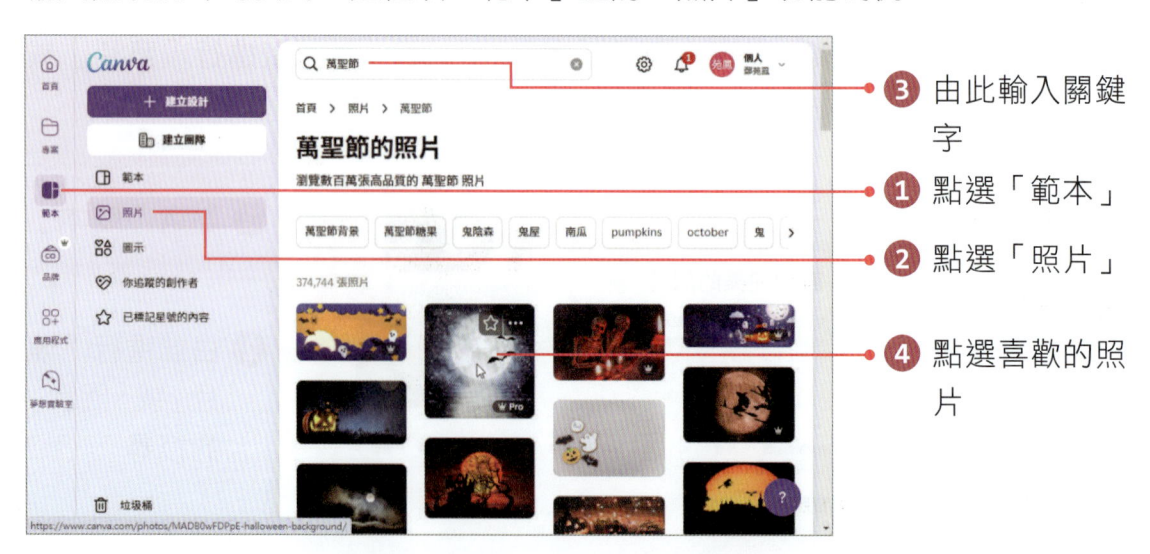

❸ 由此輸入關鍵字
❶ 點選「範本」
❷ 點選「照片」
❹ 點選喜歡的照片

❺ 按此鈕，可下拉選擇設計的類型

透過此二鈕，也可以進行標記或分類處理

3-4-2 圖片色彩調整與顏色編輯

顏色是影像設計中不可忽視的關鍵因素。一張圖片的色彩能影響觀眾的情緒與注意力。本小節將帶你瞭解如何調整圖片色彩，以及進行顏色編輯，讓圖片更符合設計風格和主題需求。

設計的文件中如果有圖像，你可以在上方的工具列上點選 編輯 鈕，來針對影像的色溫、色調、亮度、對比度、飽和度等屬性進行調整。特別是在你替換後的圖片，新圖片的色調與設計版面不協調時，這項調整功能就能派上用場。

❷ 按下「編輯」鈕，使左側顯示調整面板

❶ 先點選你的圖片

❸ 點選「調整」

❹ 按下「自動調整」鈕，可由 Canva 快速幫你做調整

也可以拖曳滑鈕調整各屬性

除了由 Canva 自動幫你調整照片外，還可以針對整張圖片或前景／背景，來進行各屬性調整，例如：亮度、對比度、陰影、顏色等。

另外，Canva 允許你針對相片中的顏色進行色調、飽和度、及亮度的局部調整，如圖所示：

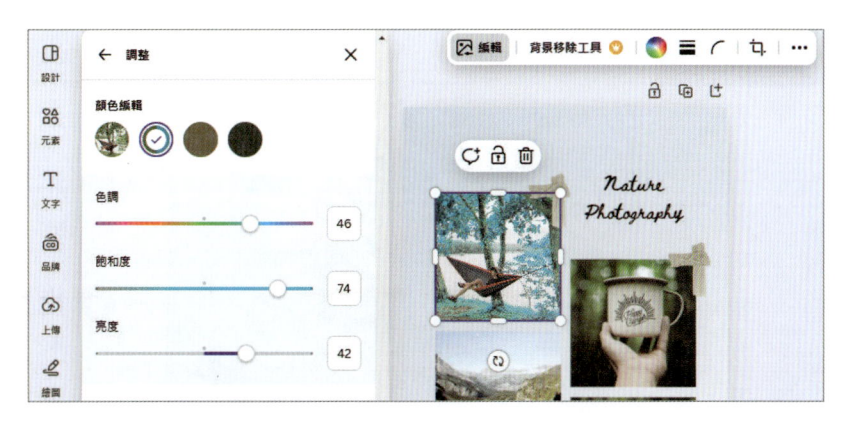

3-4-3 圖片裁剪與調整大小

適當的裁剪與尺寸調整能讓圖片更加聚焦與協調，滿足多種用途的設計需求。在編輯照片時，有時候會發現拖曳至圖框中的相片位置擺設不好，特別是人像的頭被切到了，如下圖範例。遇到這種情況時，可以考慮使用「🗍 裁切」功能，來對選取的相片進行智慧型裁剪。

❶ 點選圖片，按下「裁切」鈕

人像的頭被切掉了

❷ 按下「智慧裁切」鈕

❸ 將相片下移至適切的位置

❹ 拖曳四角的圓形控制點,可縮放圖片大小

❺ 按下「完成」鈕

❻ 依此方式調整相片位置和大小,就可以將相片以最佳的畫面顯示出來

3-4-4 調整圖片透明度

　　圖片透明度的調整可用於背景融合、文字對比及多層次設計效果的實現。當你以圖片作為背景時，如果畫面上有多重物相互堆疊時，特別是圖片與文字的對比不明顯時，有可能造成上層的文字不易閱讀。像這樣的情況，運用「透明度」的功能，就可以輕鬆解決。

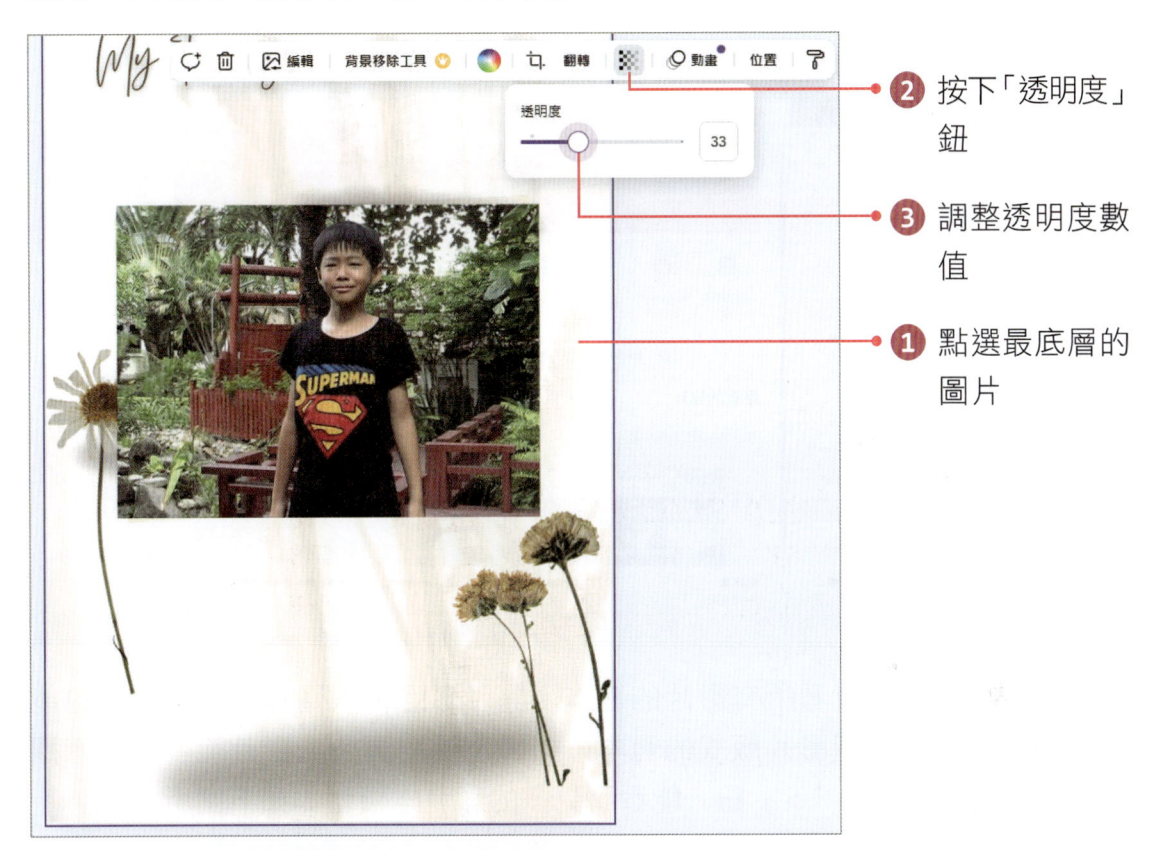

❷ 按下「透明度」鈕

❸ 調整透明度數值

❶ 點選最底層的圖片

3-5　Canva 影片剪輯操作入門

　　你不需要專業剪輯軟體，也能輕鬆製作吸睛的影片。Canva 提供簡單直覺的影片編輯工具，無論是用於社群媒體、簡報還是廣告，都能快速上手，創作出專業級的效果。本小節將帶你逐步瞭解 Canva 的影片剪輯功能，並掌握實用技巧，輕鬆完成一支高品質影片。

3-5-1 套用影片範本

　　Canva 內建了各式各樣的影片範本，適合多種使用情境。從生日祝福到商業廣告，你只需選擇範本，快速替換內容即可完成專業影片。這裡提供兩種方式可以直接套用影片範本。

1. **第一種方式**：直接在「首頁」按「影片」鈕：

　　接著就可以查看所有影片的範本。除了透過輸入關鍵字查詢外，也能直接看到各種類型影片版式的範本，如果想展開更多的影片範本類型，還可以按下其右側的「>」鈕，能看到更多的影範本類型，如下圖所示：

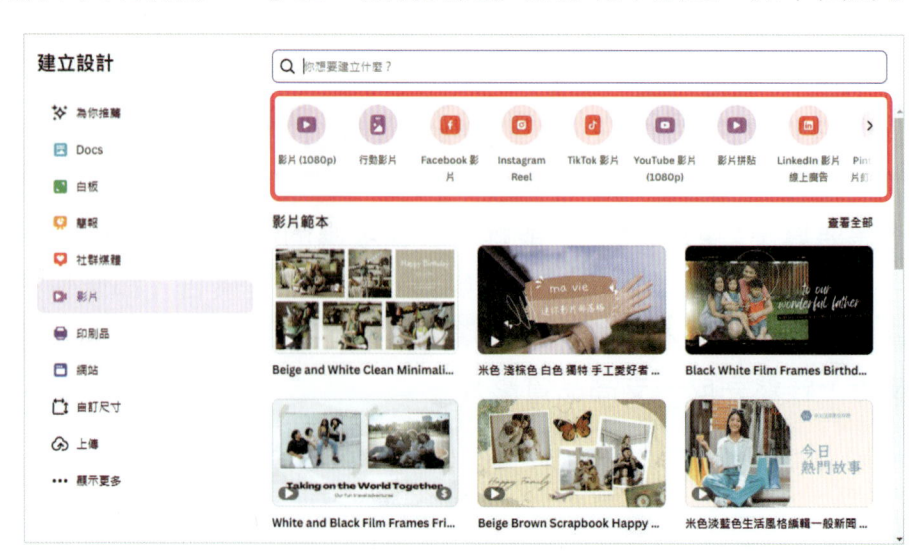

2. **第二種方式**：在側邊欄選「範本」，再切換到按「影片」的頁籤，就可以找到各種類型的影片範本。

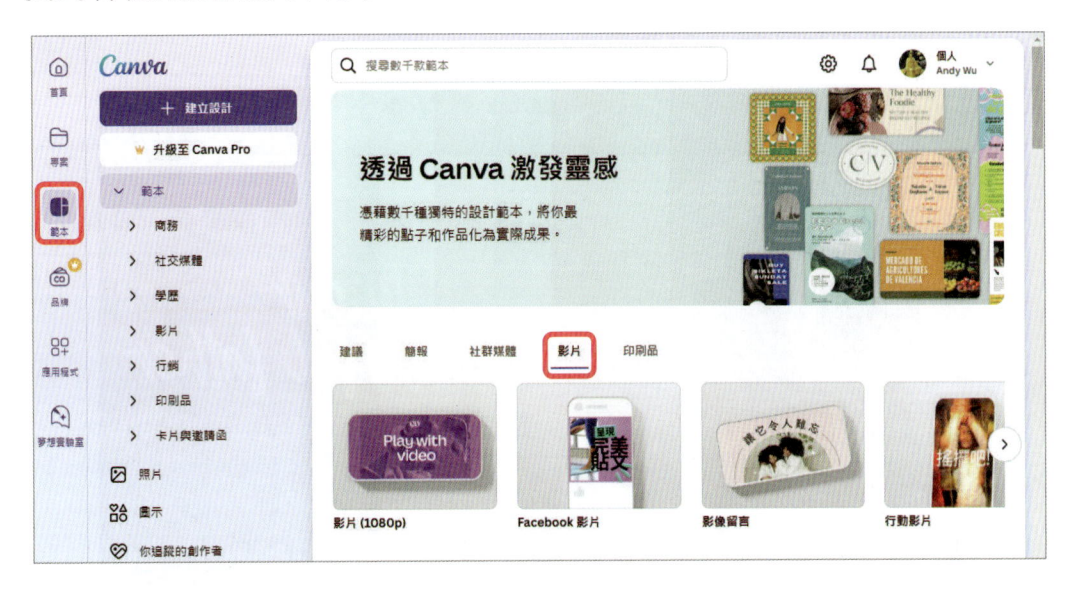

3-5-2 變更範本中的影片素材

範本內容並非一成不變，Canva 讓你輕鬆替換影片素材，以符合你的主題需求。如果要替換掉影片的素材，請先開啟專案，各位除了按下「上傳檔案」鈕上傳自己素材外，也可以直接輸入關鍵字，按下「Enter」鈕開始搜尋素材。下圖是影片中指定素材尚未被取代前的影像。

然後找到適合的影片素材，就可以按住滑鼠左鍵不放，拖曳到要替換的素材上放開，就能將影片中原來的素材替換成自己提供的素材。如下圖的影片中已成功替換了自己選定的素材。

3-5-3 影片的修剪

影片若過長或包含不必要的片段？Canva 的修剪功能可以幫助你快速剪下想要的部分，讓影片更加緊湊並符合故事的節奏。首先開啟專案，選擇要編輯的影片，接著在時間軸縮圖左、右的邊界用滑鼠拖曳即可進行影片長度的修剪。

下圖是筆者在時間軸縮圖直接在右側的邊界向左拖曳移動，就可以將影片的時間長度縮短，如下圖所示：

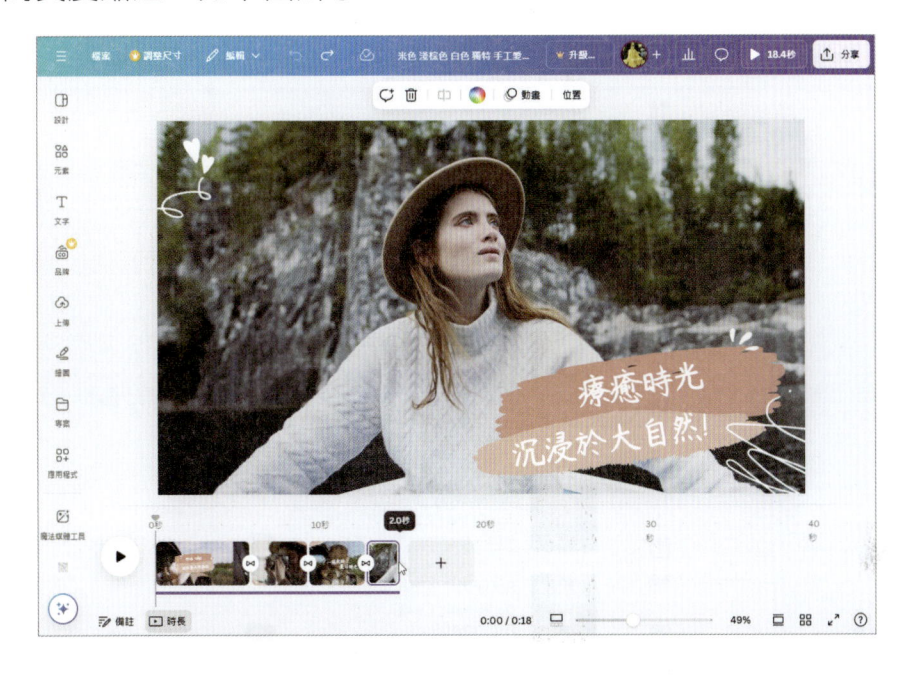

3-5-4　加入背景音樂

適當的背景音樂能提升影片的情感共鳴。Canva 內建了豐富的音樂庫，你只需拖放音樂，即可為影片增添氛圍。首先開啟要加入背景音樂的專案，接著在編輯頁面的側邊欄切換到「元素」鈕，可以看到「音訊」的分類，要查看所有的音訊檔，可以按「查看全部」。

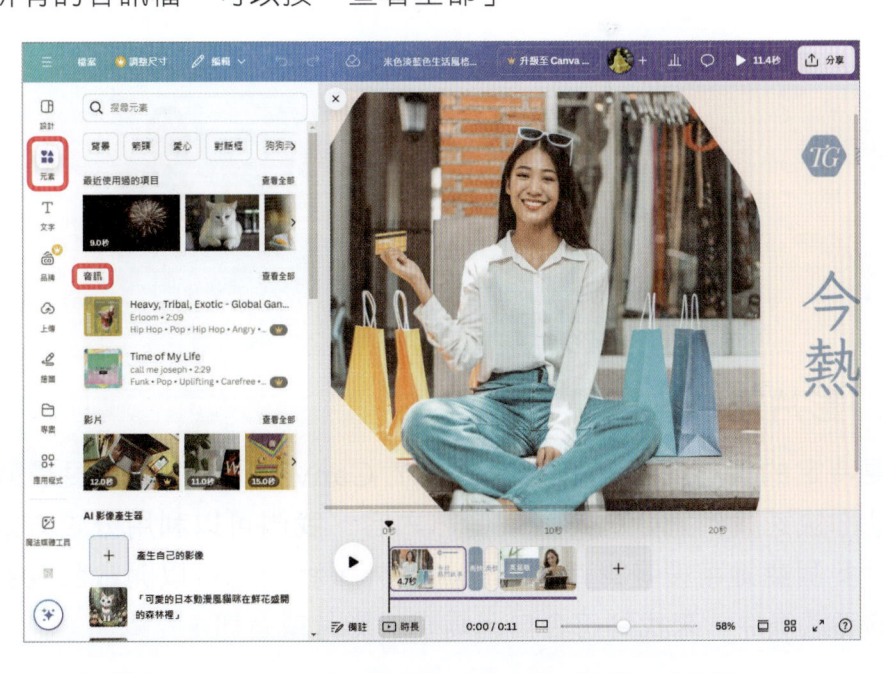

接著可以看到各種分類的音訊，各位也可以輸入關鍵字進行搜尋。

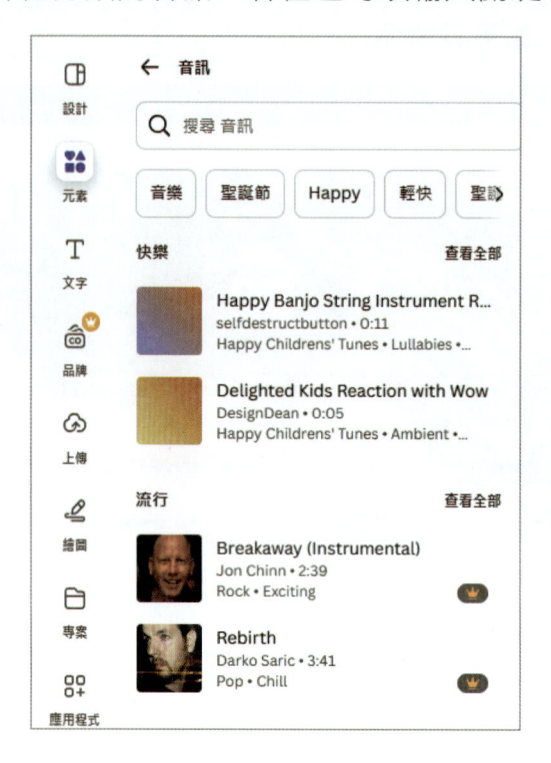

找到適合長度的音訊素材，可以先將滑鼠移動到音訊的上方，按下播放鈕試聽該音訊的內容，找到自己滿意的音訊風格及適合長度，就可以拖曳該音訊檔加入到時間軸音軌。（各位也可以選按該音訊名稱即可將該音訊檔加入到時間軸音軌）。

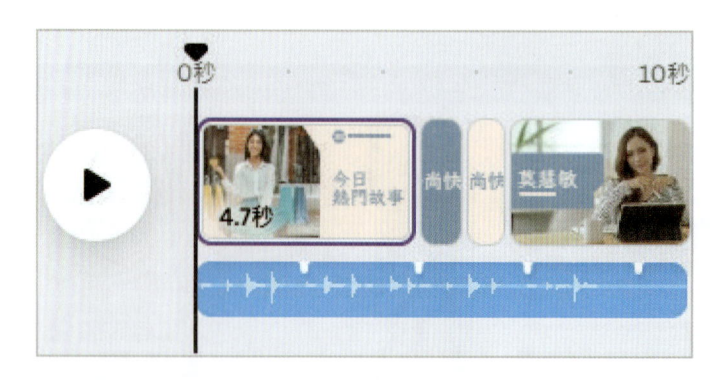

3-5-5 影片或音訊搜尋與篩選

需要特定的素材卻不知道從哪裡找？Canva 提供強大的搜尋與篩選功能，幫助你快速找到適合的影片或音訊內容。我們可以利用分類方式、單一關鍵字及多個關鍵字搜尋影片或音訊。此外，我們也可以開啟篩選器，設定更進階的篩選條件，來找到符合自己需求的影片或音訊。

要進行影片的搜尋，首先請開啟專案，側邊欄選「元素」，就可以看到各種元素的分類。

接著如果要搜尋影片，可以按一下影片分類右側的「查看全部」，會進入下圖的影片搜尋窗格，這個窗格中可以輸入關鍵字，也可以直接點選喜愛的類別右側的「查看全部」，就會列出該類別的所有影片。

例如下圖是商務類別的全部影片。

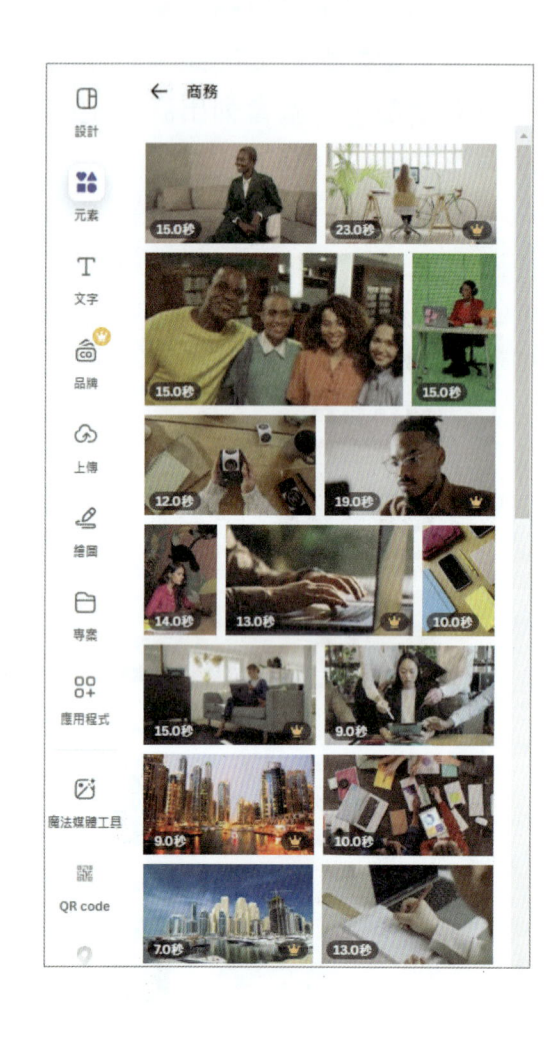

除了用分類的方式可以找到自己想要的影片外,也可以輸入關鍵字,例如下圖是輸入「煙火」關鍵字的查詢結果。

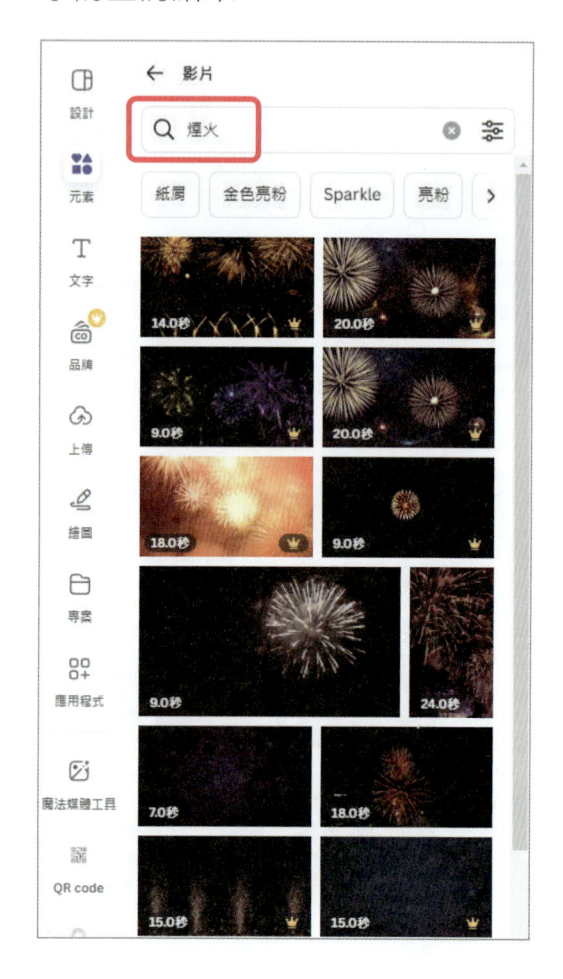

同上述的作法，也可以開啟音訊的搜尋窗格，各位能以音訊的類型找到喜歡的音訊外。例如下圖中的「快樂」、「流行」的音訊類型。

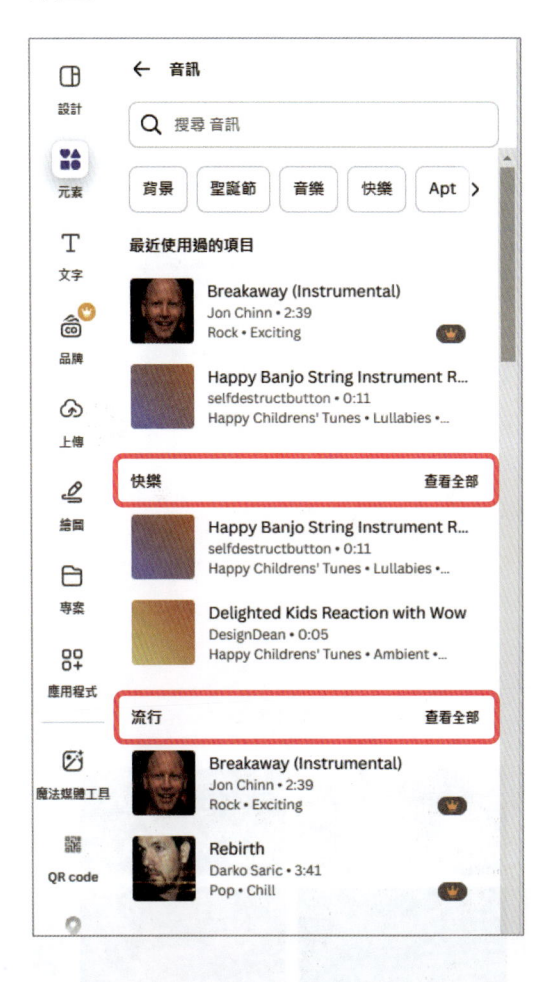

　　也可以輸入關鍵字去搜尋，例如下圖輸入「生日快樂」，就可以找到和生日快樂有關的音訊。

不論是影片或音訊的搜尋，除了以單一關鍵字進行搜尋工作外，也可以同時用多個關鍵字進行搜尋，例如下圖輸入「煙火 101」。

> **注意** 在各個關鍵字中間以空白鍵隔開！

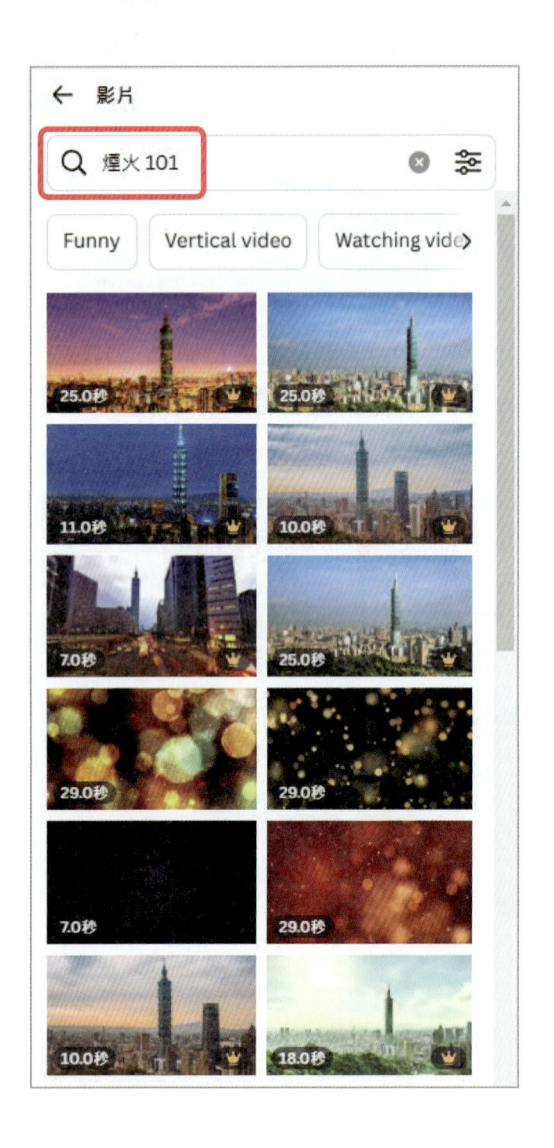

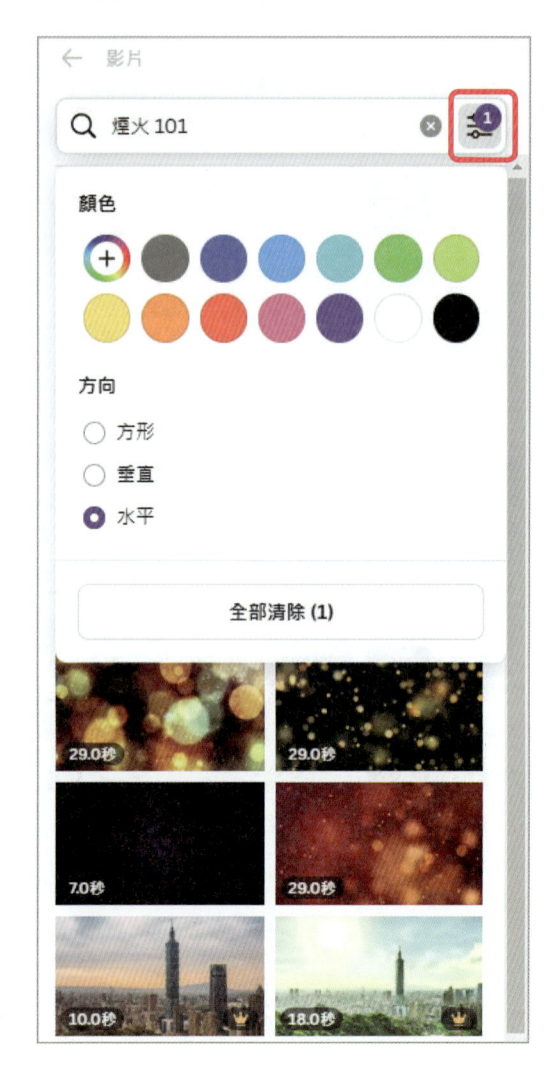

不僅如此，我們還可以按搜尋方塊右側的「⚙」鈕來開啟篩選器，可以作更進一步的條件篩選，例如下圖可以篩選顏色及方向，這裡示範「水平」的篩選條件，就只會列出符合這個篩選件的影片，如下圖所示：

3-5-6　影片轉場效果

　　轉場效果能使影片更加流暢且有層次感。Canva 提供多種轉場選項，讓你的影片從一個場景到下一個場景都充滿創意。要如何新增轉場效果，首先開啟專案，並將滑鼠指標移到頁面縮圖之間，並稍微停一下，再按下「D》」鈕就可以新增轉場。

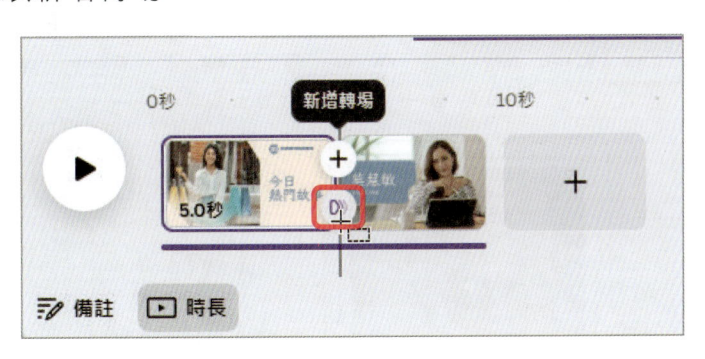

　　在出現的「轉場」窗格可以設定各種轉場效果，也可以設定時間長度及方向。設定好後只要按下「×」關閉窗格即可。

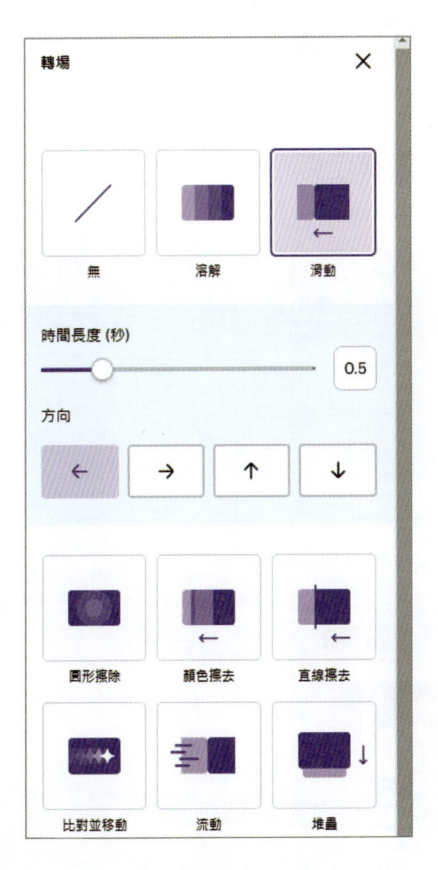

　　如果要變更轉場，只要選按影片縮圖的「⋯」鈕，就可以開啟功能選單，再執行「變更轉場」指令，可再次叫出「轉場」的設定窗格。

3-5-7　為影片套用濾鏡特殊視覺風格

濾鏡能為影片添加特別的視覺風格，在 Canva 中，你可以使用濾鏡來強調色彩、增強情緒，讓影片更具吸引力。要為影片套用濾鏡，請先開啟專案，並選取影片，再按下工具列的「編輯」鈕：

接著會開啟側邊欄，請選按濾鏡右側的「查看全部」。

就可以在各種類型中找到適合濾鏡套用，各位可以拖曳「強度」滑桿來決定濾鏡效果的強度。

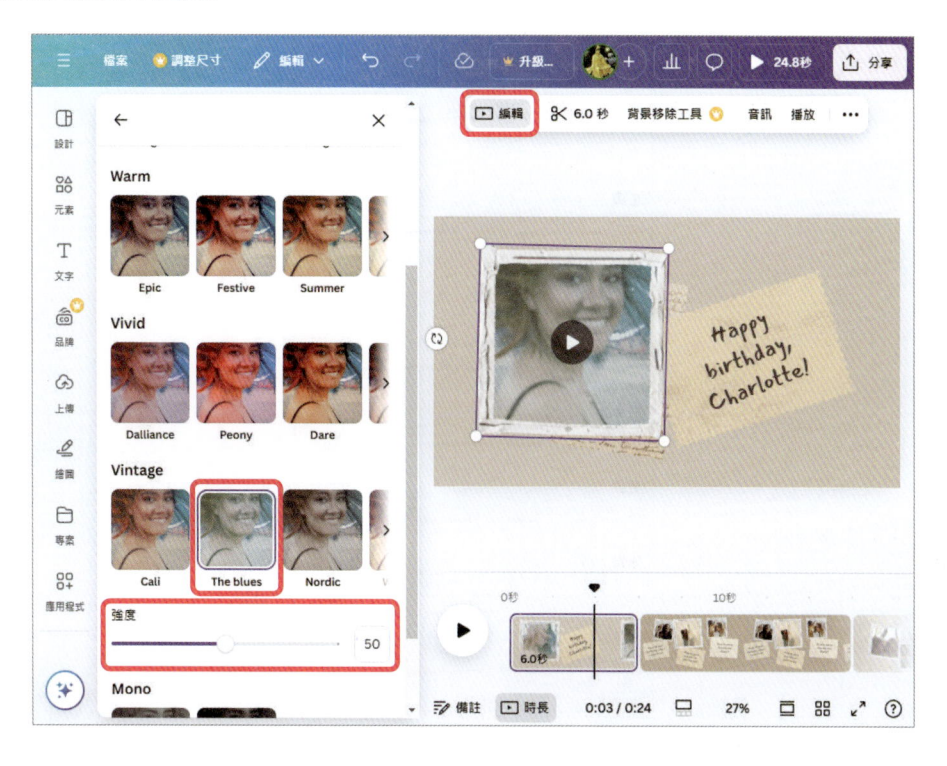

3-5-8 影片色彩調整

不同的色彩能帶來不同的情感體驗。在 Canva 裡，你可以輕鬆調整影片的亮度、對比度和飽和度，確保畫面效果符合需求。同樣以上例來進行示範操作，如果要調整影片白平衡、亮度對比、飽和度…等屬性進行調整，則請先開啟專案，並選取影片，再按下工具列的「編輯」鈕開啟側邊欄。

再展開「調整」的設定區段，就會開啟設定窗格，如下圖所示：

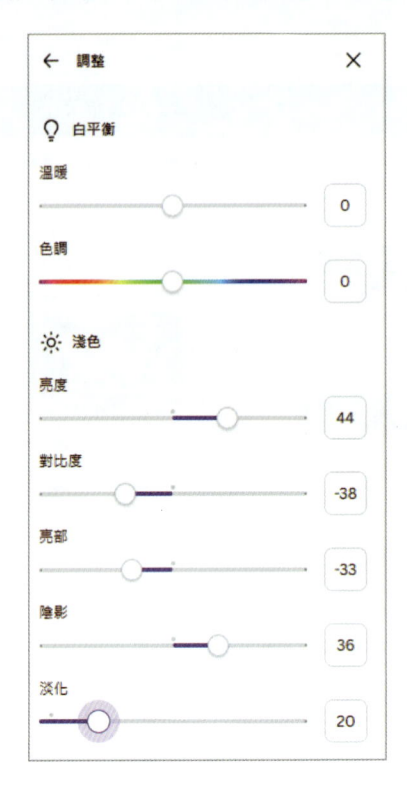

3-5-9 調整播放速度

無論是慢動作展示細節，還是快速播放強調重點，Canva 讓你自由調整影片的播放速度，為故事增添多樣表現方式。要調整影片播放速度，請開啟專案，並選取影片，再按下工具列的「播放」鈕，會開啟設定區塊，如下圖所示：

這個區塊中可以設定影片的播放速度,如果是慢動作播放最慢可以拖曳到 0.25,例如下圖是 0.25 的最慢速播放的設定。如果是加快動作播放最快可以拖曳到 2.0,以 2 倍速的方式來快速播放。另外也可以設定是否重複播放或是自動播放。

3-5-10　下載與分享發佈影片

完成影片後,分享是最後一步。Canva 支援多種下載格式,並提供一鍵分享至社群平台的功能,方便又快速。要將高品質的影片下載,可以先開啟專案,再點選右上角的「分享」鈕,會出現「分享此設計」的設定區塊。如下圖所示:

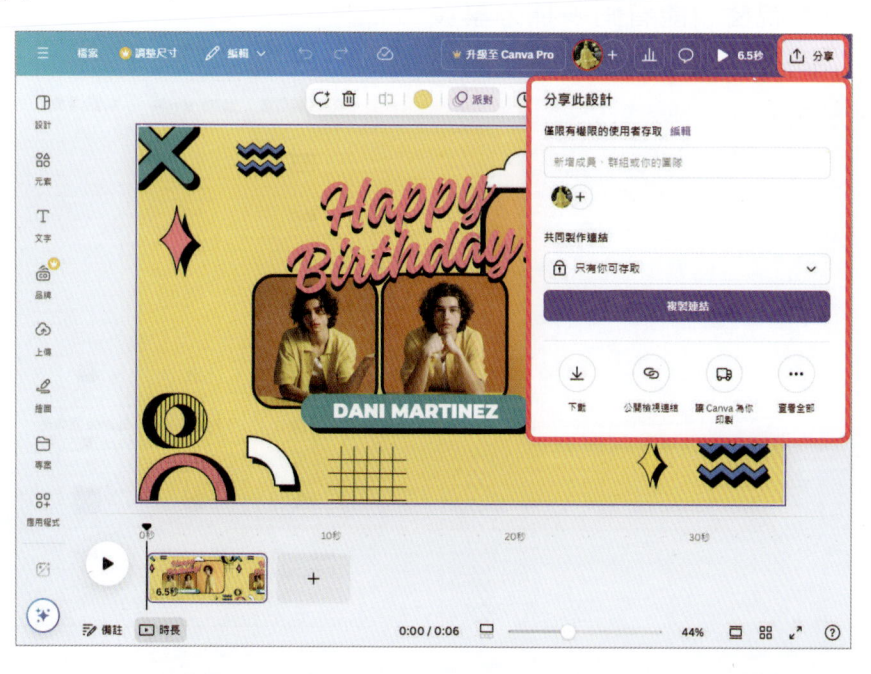

接著請於下拉展開的設定區塊點選「下載」，會出現下圖，接著只要決定好檔案類型、品質及偏好設定，再點擊「下載」鈕，就可以順利將影片下載到本地端電腦。

在前面「分享此設定」的設定區塊中，除了可以下載影片外，也提供多種分享發佈的方法，如果想要查看還有哪些發佈方法，就可以在「分享此設定」的設定區塊點擊「⋯ 查看全部」鈕，就會出現右圖視窗，能看到多種分享發佈的方式；同時，也可以決定不同的儲存影片的方式。

Chapter 3　重點整理

1. 要以「關鍵字」找尋設計範本，請在 Canva 主畫面切換到「範本」標籤，並於上方輸入要找尋範本的關鍵字。

2. 要以「類別」篩選挑選設計範本，請在 Canva 主畫面切換到「範本」標籤，並於右側的的分類範本的側邊欄挑選適合的範本。

3. 除了關鍵字與類別，Canva 還提供其他強大的篩選功能，例如範本風格、顏色和格式，讓你能更細緻地挑選最符合專案需求的範本。

4. 要在專案搜尋範本，請先進入專案的編輯畫面，接著按側邊欄的「設計」，就可以於搜尋方塊中輸入關鍵字。

5. 看到喜歡範本想要保留下來，可以透過範本右上角的 ☆ 鈕將其標記下來。

6. 在設計作品中，要將喜歡的元素保存下來，可透過右鍵執行「資訊」指令，再點選「☆ 標記星號」指令即可。

7. 對於整理過的素材、設計範本或資料夾，按下「⋯ 選項」鈕就可以執行各項的管理工作，諸如：建立複本、下載、移至垃圾桶、從資料夾中移除…等。

8. 要從垃圾桶救回被刪除的素材，請點選「📁 專案」鈕，在面板中點選「垃圾桶」，就可以在右側看到「設計」、「影像」、「視訊」等標籤。按下素材右側的「選項」鈕，即可選擇「還原」指令。

9. 在「圖片」選取狀態下，按上方的「編輯」鈕，可以看到各種濾鏡。

10. 進入 Canva 首頁後，點選左側的「🔲 範本」鈕，就可以進行「照片」或「圖示」的搜尋。也可以選取範本進行設計時，左側的「🔳 元素」鈕可進行插圖的搜尋。

11. 設計的文件中如果有圖像，可以在上方的工具列上點選 🖼編輯 鈕，來針對影像的色溫、色調、亮度、對比度、飽和度等屬性進行調整。

12. 「✂ 裁切」功能可以對選取的相片進行智慧型裁剪。

13. 當你以圖片作為背景時，如果畫面上有多重物相互堆疊時，特別是圖片與文字的對比不明顯時，有可能造成上層的文字不易閱讀，像這樣的情況，運用「透明度」的功能，就可以輕鬆解決。

14. 套用影片範本的兩種方式：第一種方式直接在「首頁」按「影片」鈕，接著就可以查看所有影片的範本。第二種方式則在側邊欄選「範本」，再切換到按「影片」的頁籤，可以找到各種類型的影片範本。

15. 如果要替換掉影片的素材，請先開啟專案，除了按下「上傳檔案」鈕可以上傳自己素材外，也可以直接輸入關鍵字，再按下「Enter」鈕搜尋素材。

16. 選擇你要編輯的影片，接著在時間軸縮圖左、右的邊界用滑鼠直接拖曳即可快速進行影片長度的修剪。

17. 在編輯頁面的側邊欄切換到「元素」鈕，可以看到「音訊」的分類，要查看所有的音訊檔，可以按「查看全部」。

18. 我們可以利用分類方式、單一關鍵字及多個關鍵字搜尋影片或音訊。此外，我們也可以開啟篩選器，設定更進階的篩選條件。

19. 不論是影片或音訊的搜尋，除了以單一關鍵字進行搜尋工作外，也可以同時用多個關鍵字進行搜尋。

20. 轉場效果能使影片更加流暢且有層次感。Canva 提供多種轉場選項，讓你的影片從一個場景到下一個場景都充滿創意。

21. 濾鏡能為影片添加特別的視覺風格，在 Canva 中，你可以使用濾鏡來強調色彩、增強情緒，讓影片更具吸引力。

22. 如果要調整影片白平衡、亮度對比、飽和度…等屬性進行調整，請先開啟專案，並選取影片，再按下工具列的「編輯」鈕開啟側邊欄，再展開「調整」的設定區段。

23. 開啟專案，並選取影片，再按下工具列的「播放」鈕，會開啟調整播放速度設定區塊。

24. 要進行影片下載，可以先開啟專案，再點選右上角的「分享」鈕，會出現「分享此設定」的設定區塊，接著請於下拉展開的設定區塊點選「下載」。

25. 在「分享此設定」的設定區塊中，除了可以下載影片外，也提供多種分享發佈的方法，如果想要查看還有哪些發佈方法，就可以在「分享此設定」的設定區塊點擊「⋯ 查看全部」鈕。

Chapter 3　課後習題

選擇題

_____ 1. 下列何者不是挑選範本的方式？
(A) 以關鍵字找尋設計範本
(B) 以類別篩選挑選設計範本
(C) 在專案搜尋範本
(D) 以顏色自動推薦範本

_____ 2. 下列何者敘述有誤？
(A) 要刪除設計作品必須到要先下載到本地端電腦才可以刪除
(B) 將常用或喜愛的項目收藏起來能大幅提升尋找效率
(C) 將喜歡的元素保存下來，可透過右鍵執行「資訊」指令，再點選「星號標記」指令即可
(D) 對於不要保存已標記的範本或元素，可以在該項目的右側按下「⋯ 選項」來取消標記星號

_____ 3. 對於整理過的素材、設計範本或資料夾，按下「⋯ 選項」鈕可以執行各項管理工作，不包括下列何者？
(A) 建立複本　　　　　　　　(B) 移至垃圾桶
(C) 加到我的最愛　　　　　　(D) 移至資料夾

_____ 4. 從垃圾桶救回被刪除的素材的分類標籤不包括下列何者？
(A) 設計　　　　　　　　　　(B) 網站
(C) 影像　　　　　　　　　　(D) 視訊

_____ 5. 下列何者不是 Canva 影片剪輯功能？
(A) 變更範本中的影片素材
(B) 影片長度的修剪
(C) 只能加入轉場效果，但無法加入濾鏡效果
(D) 加入背景音樂

_____ 6. 在 Canva 中，哪種方式無法用來挑選適合的範本？
(A) 使用「範本」分類，根據用途瀏覽不同範本類型
(B) 在搜尋欄輸入關鍵字來篩選範本
(C) 透過 AI 依據使用者設計習慣自動推薦範本
(D) 只能手動隨機翻閱所有範本，無法篩選

_____ 7. 下列何者是 Canva 設計作品分享的方式？
(A) 展示簡報　　　　　　　　(B) 傳送到手機
(C) 網站　　　　　　　　　　(D) 以上皆是

_____ 8. 在 Canva 搜尋影片或音訊的方式<u>不包括</u>下列何者？
(A) 分類方式　　　　　　　　(B) 單一關鍵字
(C) AI 語音輸入　　　　　　　(D) 多個關鍵字

_____ 9. 當你以圖片作為背景時，特別是圖片與文字的對比不明顯時，有可能造成上層的文字不易閱讀，像這樣的情況可以運用哪一項功能解決？
(A) 清晰度　　　　　　　　　(B) 透明度
(C) 明亮度　　　　　　　　　(D) 解析度

_____ 10. 設計的文件中如果有圖像，可以在上方的工具列上點選「編輯」鈕，<u>無法</u>調整哪一個屬性？
(A) 色調　　　　　　　　　　(B) 對比度
(C) 模糊度　　　　　　　　　(D) 飽和度

▋問答題

1. 請簡述 Canva 有哪幾種方式可以找尋設計範本。

2. 如何將範本保留起來？

3. 如何將喜歡的元素保存下來？

4. 如何從垃圾桶救回被刪除的素材？

5. 文字的對比不明顯時，有可能造成上層的文字不易閱讀，像這樣的情況，該如何改善。

6. 請簡介套用影片範本的兩種方式。

7. 如何才能查看到所有音訊檔。

8. 如果要調整影片白平衡、亮度對比、飽和度等屬性，該如何進行？

9. 如何開啟調整播放速度設定區塊？

10. 如果想要查看有哪些發佈方法，該如何操作？

4 Chapter

生活與社群應用

4-1 主題名稱：設計社群圖片
4-2 主題名稱：社群貼文
4-3 主題名稱：用 Canva APP 編製短影片

在現代生活中，社群媒體已成為個人與品牌展示的重要舞台。本章將帶你瞭解如何利用 Canva 設計吸引目光的社群內容，從圖片到短影片，輕鬆掌握內容行銷的技巧。

4-1 主題名稱：設計社群圖片

每一張精心設計的圖片都是社群互動的起點。本小節將介紹如何創建吸睛的社群圖片，讓你的大頭貼一秒就抓住目標觀眾。此處我們以「街角咖啡 corner coffee」為主題，為臉書粉絲專頁設計一個大頭貼，以加深粉絲的印象。完成畫面如下：

4-1-1 設定版面尺寸

設計版面，首先要確定畫面尺寸，一般來說，桌上型電腦的粉絲專頁顯示為 176×176 像素，智慧型手機上是顯示 196×196 像素，通常會裁切成圓形。不過通常在設計時，還是會製作較大尺寸的大頭貼，以便日後作為印刷用途。通常使用 1080×1080 像素即可。

❶ 由左側點選「首頁」鈕

❷ 按下「建立設計」鈕

④ 輸入所需尺寸

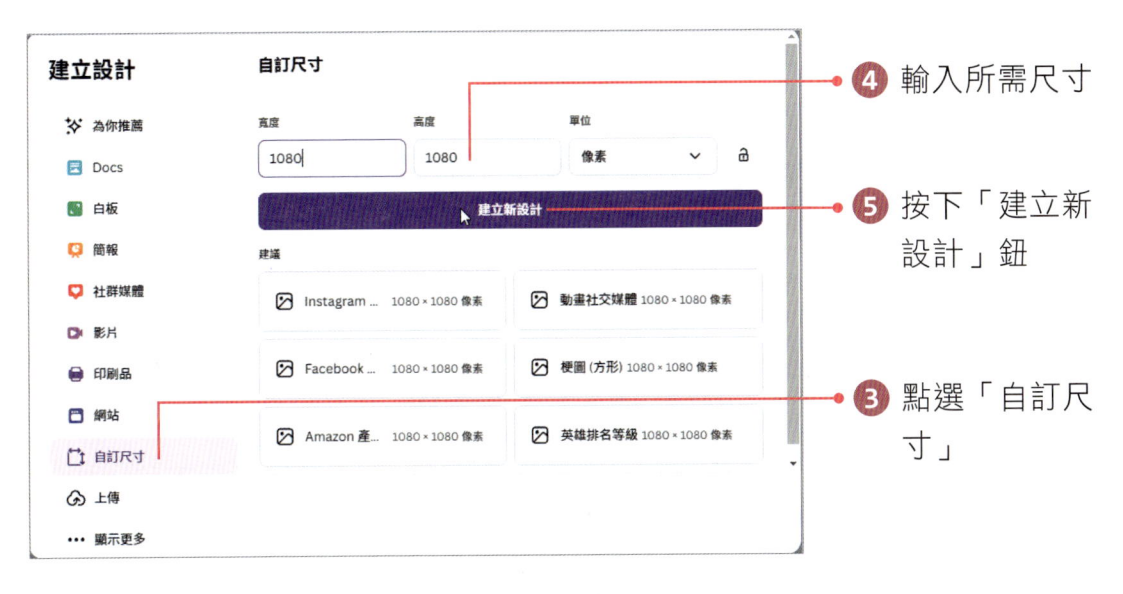

⑤ 按下「建立新設計」鈕

③ 點選「自訂尺寸」

完成如上動作，就可以在視窗上看到空白的頁面囉！

4-1-2 以「元素」搜尋圓形圖樣

由於臉書的大頭貼是圓形，我們可以從「元素」中輸入關鍵字「圓形」，就能找到許多的圓形邊框或樣張。如下圖所示，點選「樣張」標籤，選定一個喜歡的圖樣，然後直接拖曳到空白版面中即可套用。

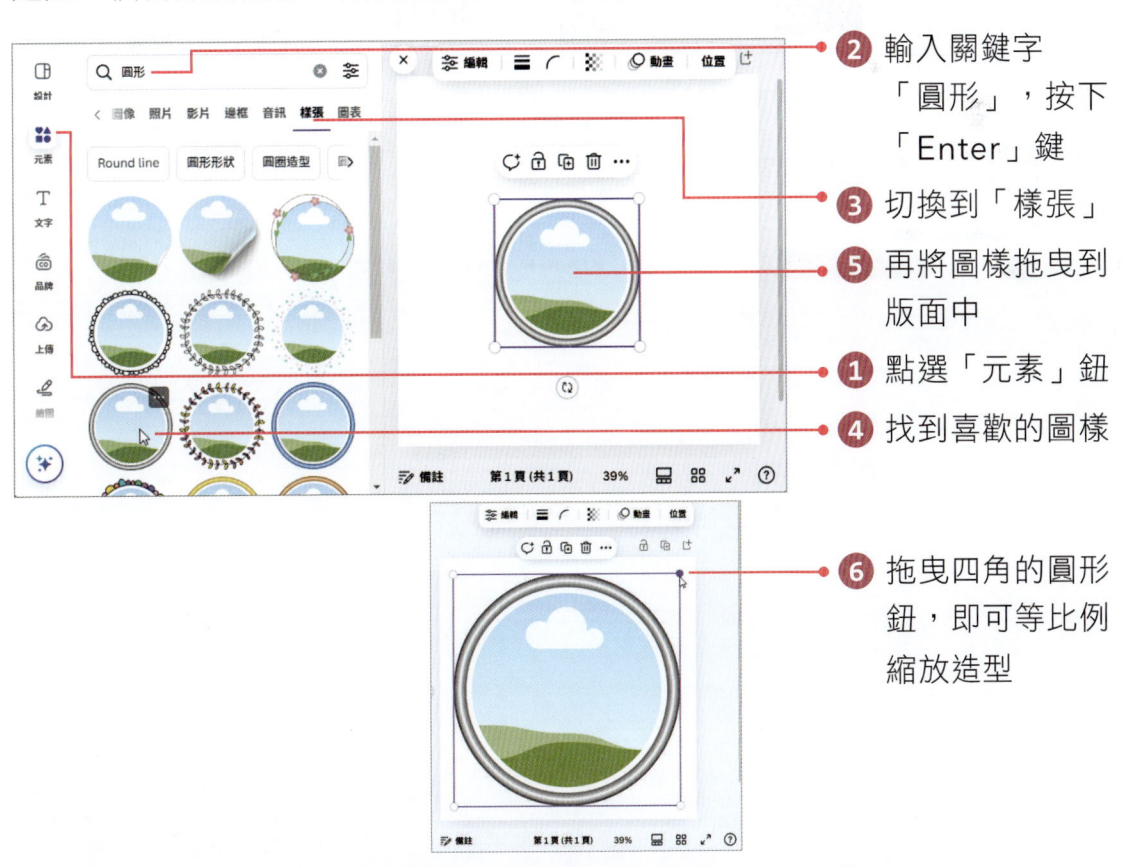

② 輸入關鍵字「圓形」，按下「Enter」鍵

③ 切換到「樣張」

⑤ 再將圖樣拖曳到版面中

① 點選「元素」鈕

④ 找到喜歡的圖樣

⑥ 拖曳四角的圓形鈕，即可等比例縮放造型

97

4-1-3 搜尋網站上照片

如果沒有拍攝所需要的照片，可以直接在 Canva 網站上進行搜尋，就不需再為了圖片版權的問題傷腦筋。搜尋圖片，可透過以下步驟進行。

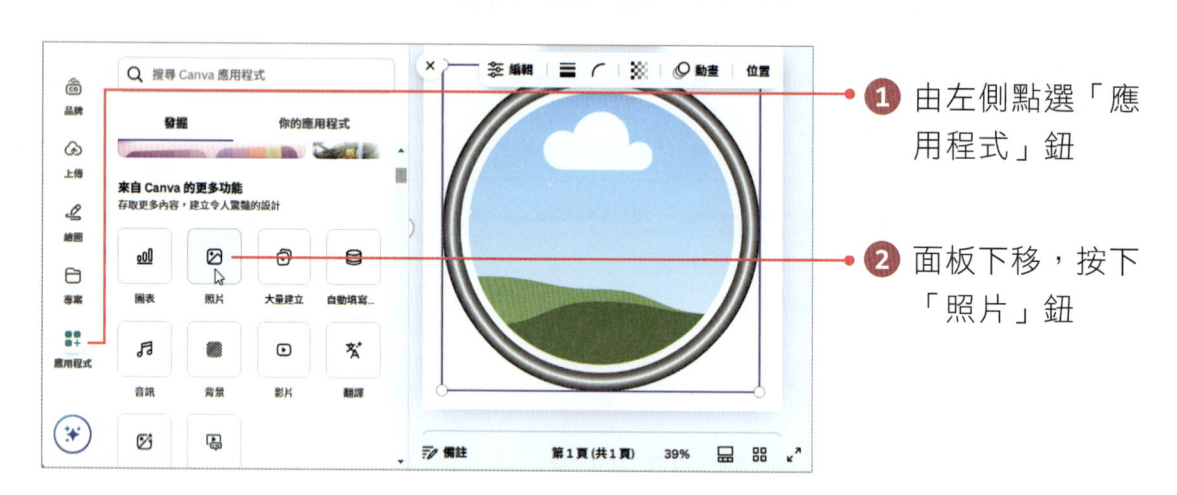

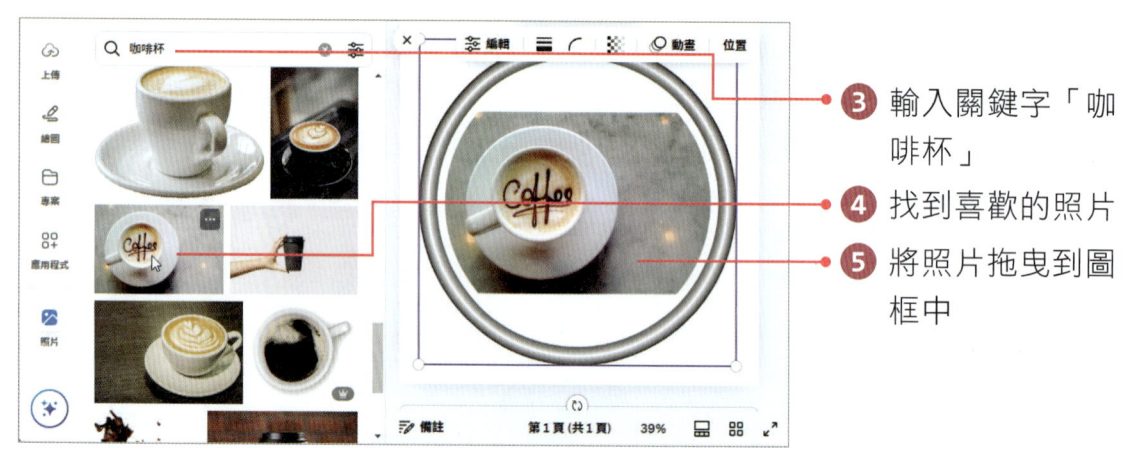

① 由左側點選「應用程式」鈕

② 面板下移，按下「照片」鈕

③ 輸入關鍵字「咖啡杯」

④ 找到喜歡的照片

⑤ 將照片拖曳到圖框中

4-1-4　編輯與裁切照片

照片雖然已放入圓形框中,但是比例大小卻與內框不吻合,看起來不美觀。所以我們要利用「編輯」功能來進行畫面的裁切,使咖啡杯能填滿整個圓框。

❶ 圖片點選的狀態下,按下「編輯」鈕

❷ 拖曳四角的圓鈕,使調整畫面的大小

❸ 按住圖片可調動圖片位置

❹ 調整完畢,按下「套用變更」鈕

❺ 圓滿顯示咖啡杯圖案

4-1-5　加入標題文字

　　粉絲專頁的大頭貼當然要將你的商店名稱顯示出來,才能與你的標誌連結在一起。這裡以「街角咖啡 corner coffee」為例,我們要以「文字」鈕來加入標題文字。

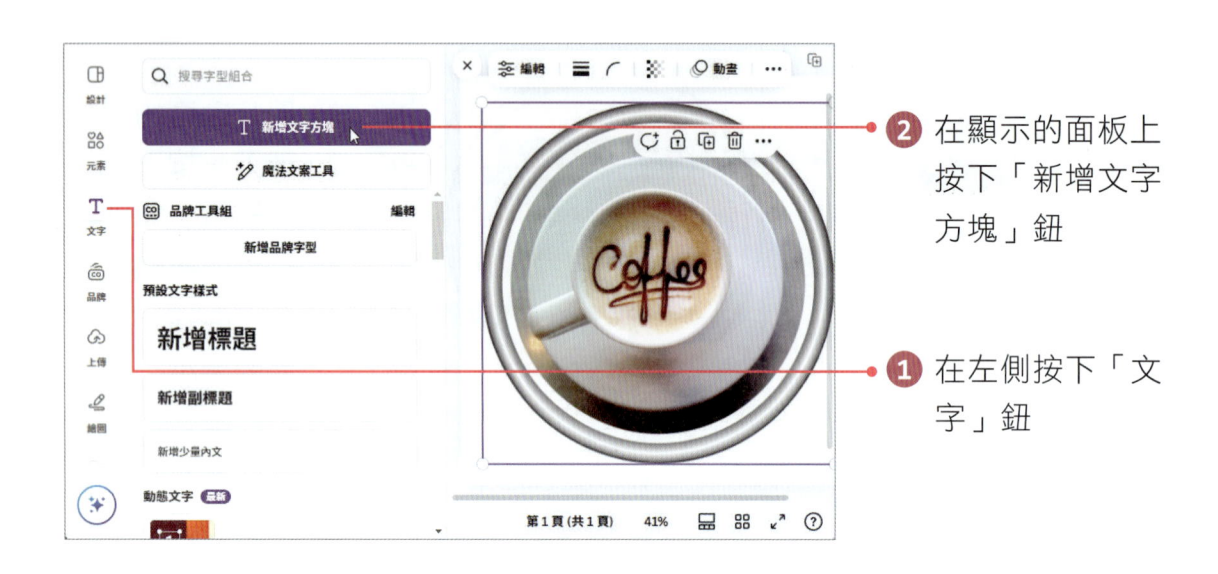

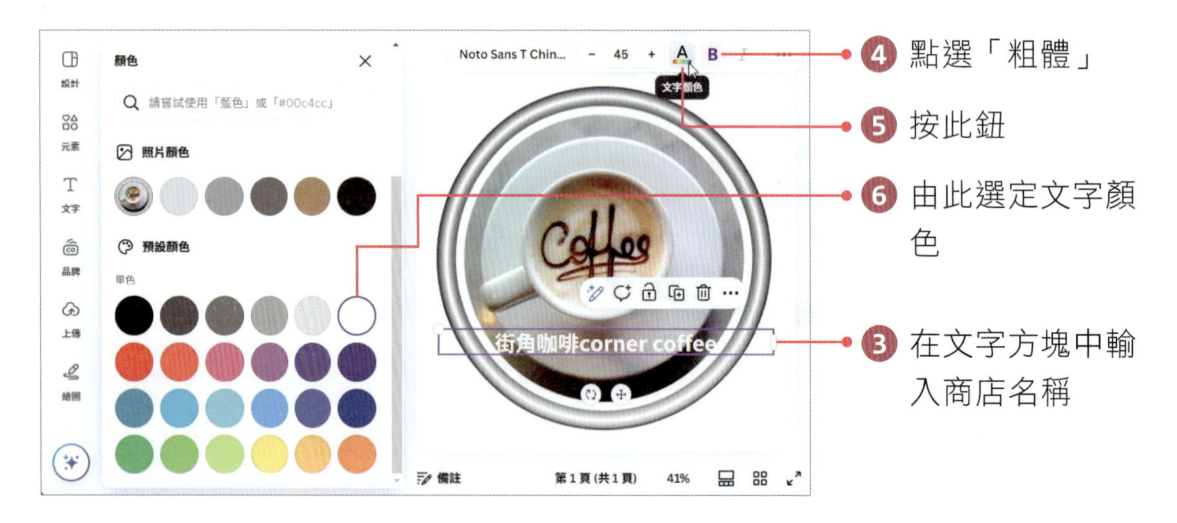

❷ 在顯示的面板上按下「新增文字方塊」鈕

❶ 在左側按下「文字」鈕

❹ 點選「粗體」

❺ 按此鈕

❻ 由此選定文字顏色

❸ 在文字方塊中輸入商店名稱

4-1-6　為文字加入彎曲與外框效果

在這個範例中，我們將為文字加入「效果」，讓店名可以更強眼些，同時可以順著圓形弧度排列。

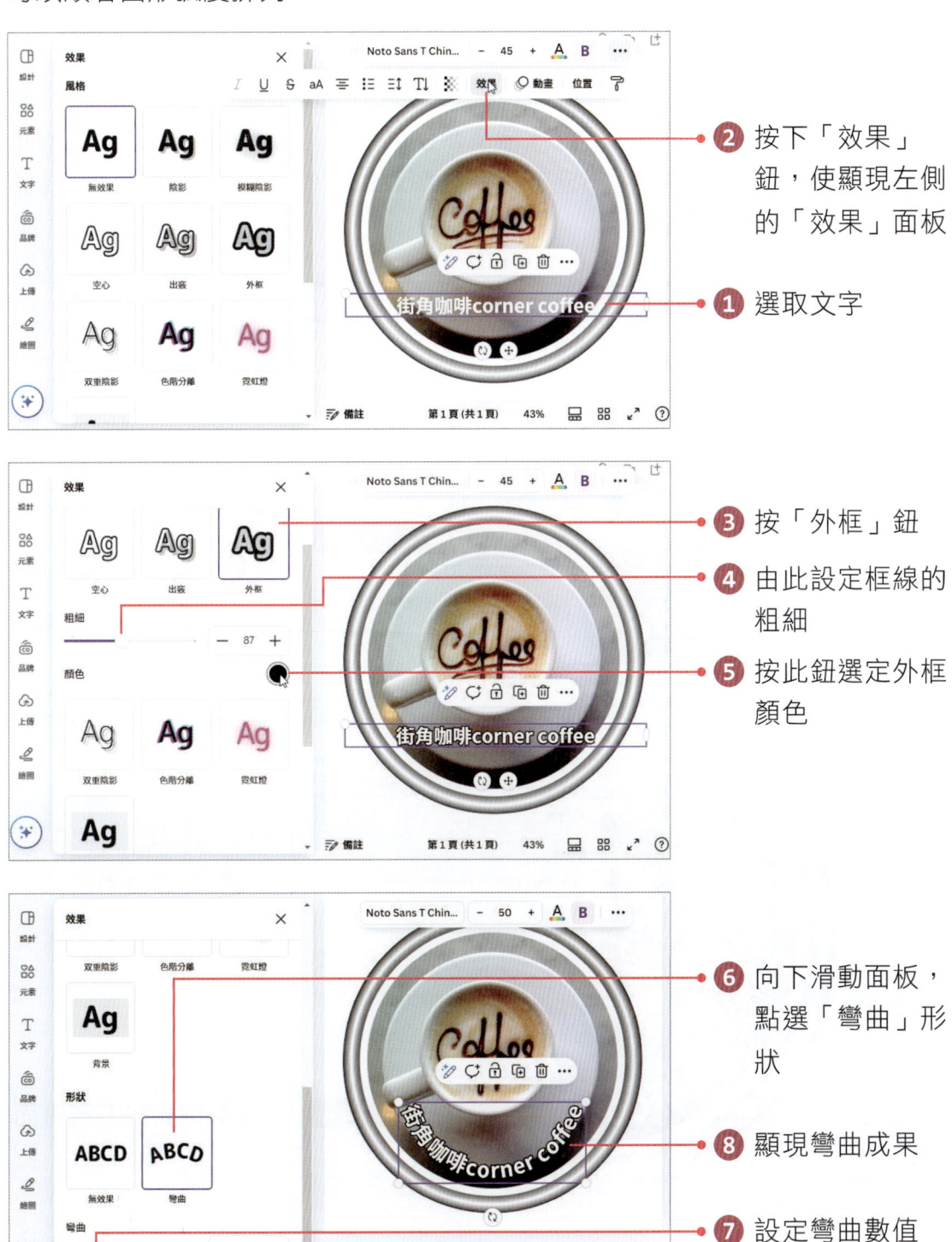

❷ 按下「效果」鈕，使顯現左側的「效果」面板

❶ 選取文字

❸ 按「外框」鈕

❹ 由此設定框線的粗細

❺ 按此鈕選定外框顏色

❻ 向下滑動面板，點選「彎曲」形狀

❽ 顯現彎曲成果

❼ 設定彎曲數值

透過以上的幾項功能，只要先設定好尺寸，以「元素」搜尋插圖，以「圖片」功能搜尋所需的相片，再以「文字」工具加上標題字，「效果」功能為文字設定邊框風格和彎曲形狀，就可以快速完成粉絲專頁的大頭貼！

4-1-7 分享作品

當完成作品後，你可選擇公開檢視連結，也可以下載檔案到自己的電腦中儲存。在下載檔案時，除了選擇檔案類型外，也可設定輸出的尺寸，或是限定檔案量，特別是影片檔部分，壓縮檔案可以方便在網路上傳輸。此處我們以 PNG 格式進行下載。

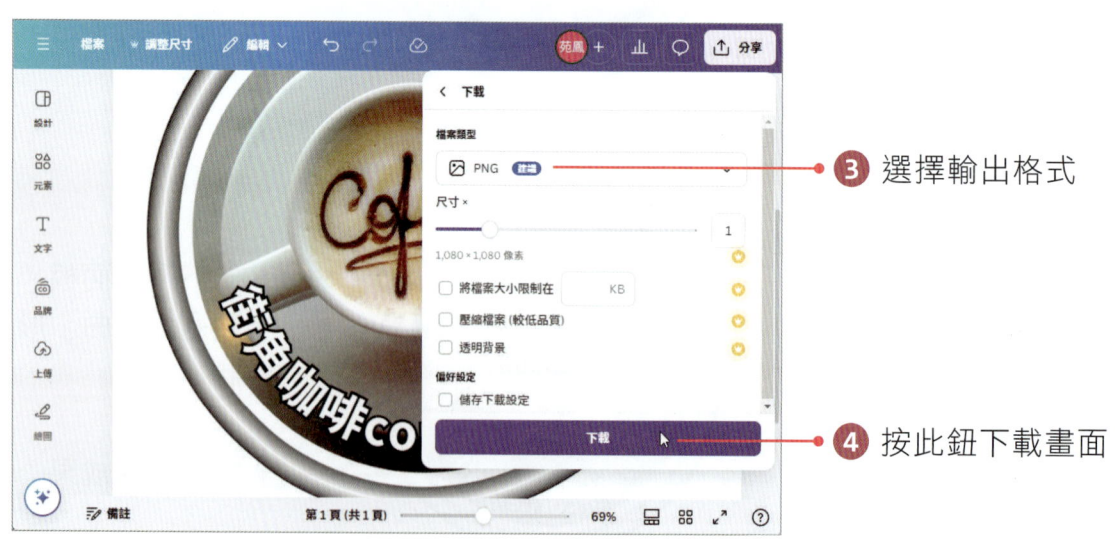

❶ 按下「分享」鈕

❷ 選擇「下載」指令

❸ 選擇輸出格式

❹ 按此鈕下載畫面

4-2 主題名稱：社群貼文

　　高互動率的貼文需要設計與內容的完美結合。本小節將指導你如何透過設計提升貼文的視覺效果與傳播力。這裡以 Facebook 貼文為例，告訴各位如何在眾多的範本中快速找到期望的風格，同時進行範本的改造，使符合你的需求。完成畫面效果如下：

原設計範本　　　　　　　　　　　完成的臉書貼文

4-2-1 篩選範本

　　首先我們從範本中找到「社交媒體」中的「Facebook 貼文」的類別，由於臉書貼文的範本高達 20000 個範本，因此我們將透過篩選器來快速篩選出想要的版面和風格。篩選方式如下：

① 點選「範本」鈕

③ 「格式」下拉選擇所要的橫式尺寸

② 由範本類別中點選「Facebook 貼文」

❹ 依序篩選「風格」和「主題」

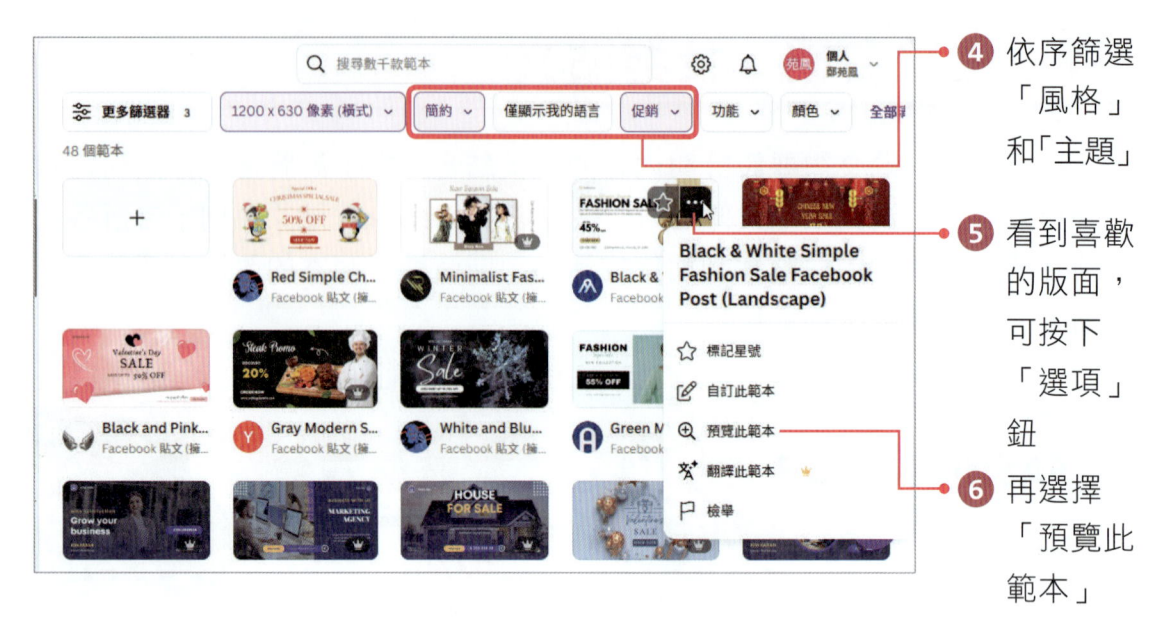

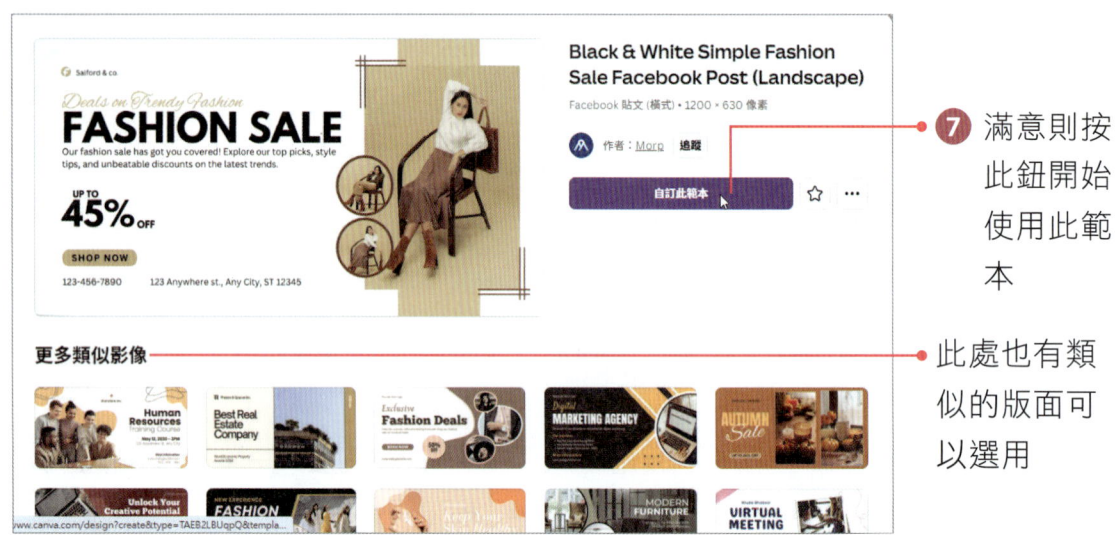

❺ 看到喜歡的版面,可按下「選項」鈕

❻ 再選擇「預覽此範本」

❼ 滿意則按此鈕開始使用此範本

此處也有類似的版面可以選用

4-2-2　圖片的上傳與替換

　　選定範本後,接下來將範本中的圖片替換成臉書粉專所要宣傳的圖片。此處我們將透過「上傳」鈕進行上傳。

❸ 按下「上傳檔案」鈕

❶ 先點選要替換的圖片

❷ 按下「上傳」鈕

❹ 選取圖片

❺ 按下「開啟」鈕

❼ 將相片拖曳到方框中,使完成替換

❻ 由此處點選已上傳的圖片

❽ 依次完成相片的替換

❾ 同時選取圖形框與相片,可調整相片大小與位置

4 生活與社群應用

105

4-2-3 修改範本文字

圖片確認後，接下來就是修改範本上的文字方塊內容，使之替換成你的宣傳文字。針對文字方塊，你可以拖曳右下角的圓形控制鈕，來縮放文字的大小，而拖曳文字方塊的右側長方形按鈕，則可調整文字顯現的寬度。

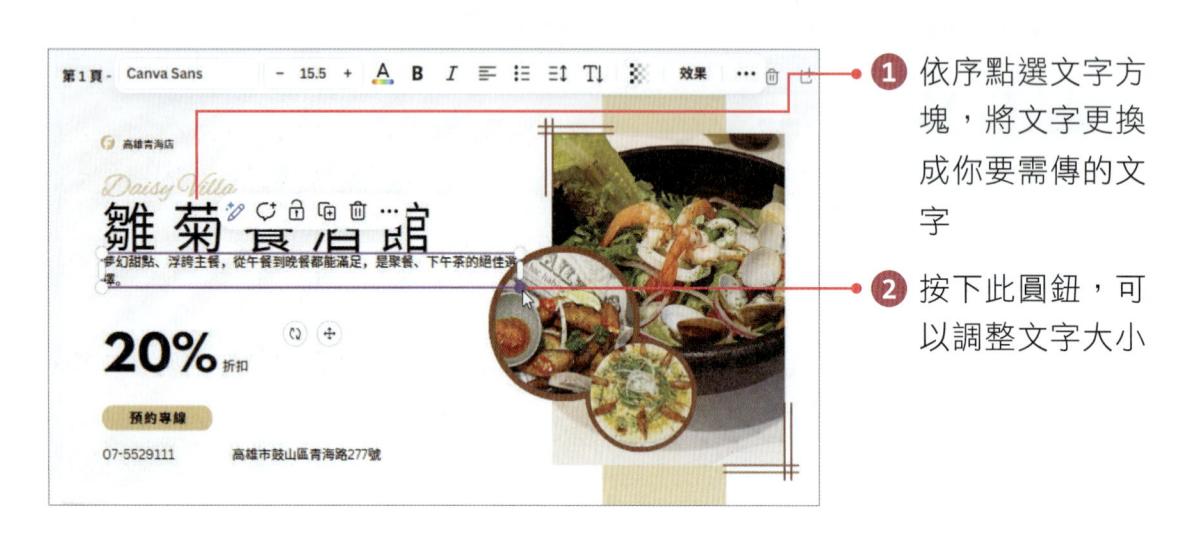

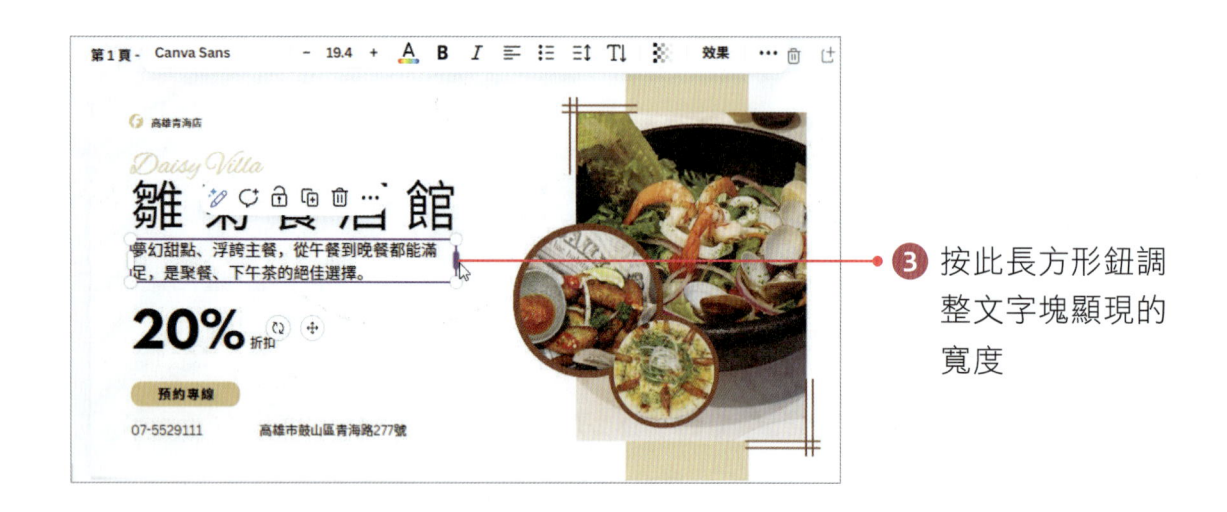

❶ 依序點選文字方塊，將文字更換成你要需傳的文字

❷ 按下此圓鈕，可以調整文字大小

❸ 按此長方形鈕調整文字塊顯現的寬度

4-2-4 變更文字的色彩與效果

要讓標題文字清晰顯眼，可利用「效果」鈕來加入風格，另外針對重點文字眼可以選用亮麗的色彩來進行強調。

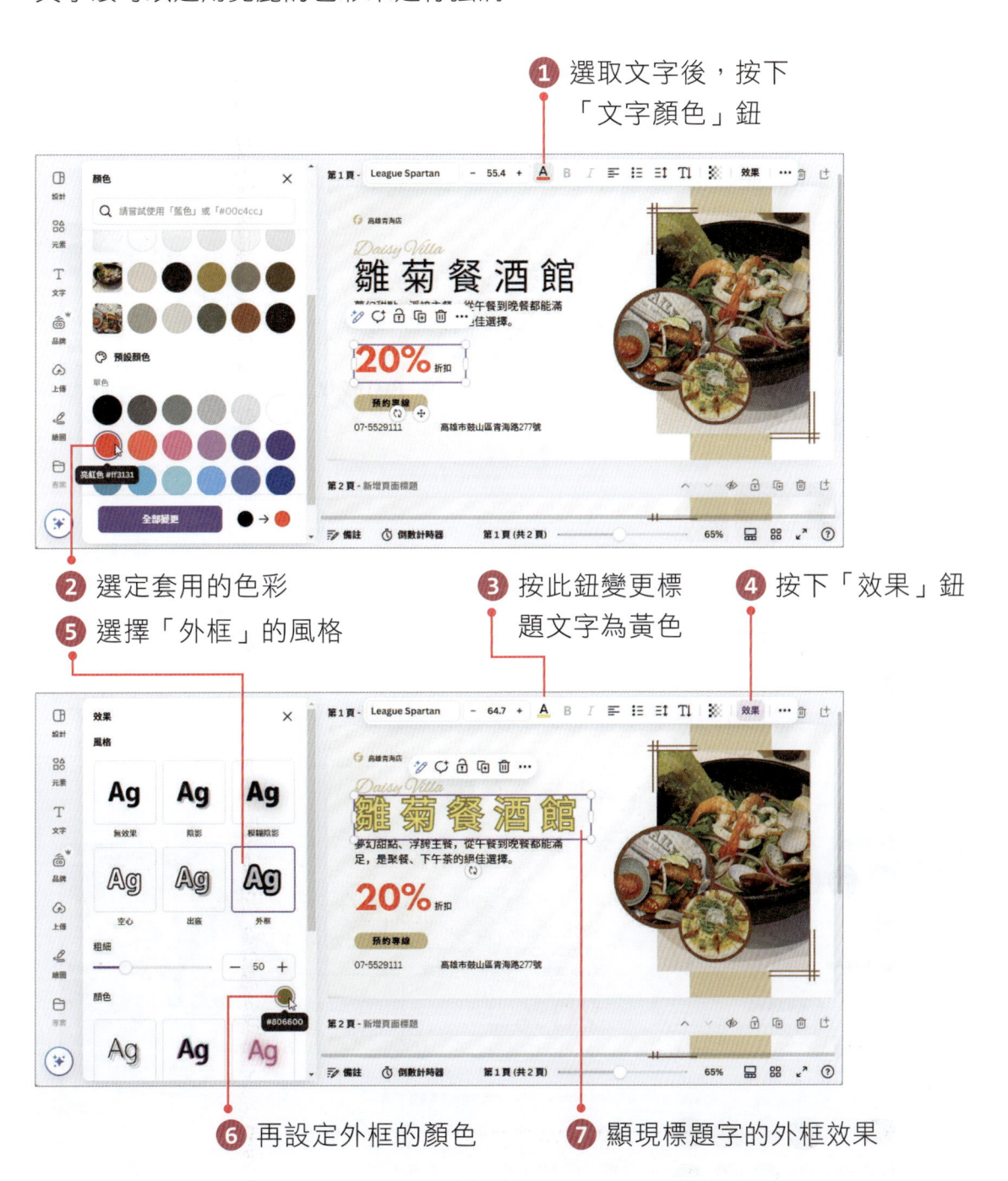

❶ 選取文字後，按下「文字顏色」鈕

❷ 選定套用的色彩

❸ 按此鈕變更標題文字為黃色

❹ 按下「效果」鈕

❺ 選擇「外框」的風格

❻ 再設定外框的顏色

❼ 顯現標題字的外框效果

4-2-5 加入宣傳的元素

這個臉書貼文是針對壽星來做宣傳,所以我們透過「元素」鈕來找到與「壽星」相關的插圖。

① 點選「元素」
② 輸入關鍵字「壽星」
③ 按一下要使用的插圖,使加入到文件中
④ 按此鈕設定圖案顏色
⑤ 選定顏色就搞定了

108

4-3　主題名稱：用 Canva APP 編製短影片

短影片是當下最受歡迎的內容形式之一。透過 Canva APP，你可以快速製作引人注目的短影片，捕捉觀眾的注意力。此處我們以祝賀生日快樂為主題，教各位如何串接素材和修剪影片，同時為影片加入轉場效果。

4-3-1　設定影片類型

Canva 所提供的影片類型相當多，你可以依照自己的需求去選擇，此處我們以一般的 1920×1080 像素的「影片」做介紹，然後再輸入關鍵字，找到所需的影片範本。

❶ 點選「首頁」

❷ 選擇「影片」

❸ 選此影片尺寸

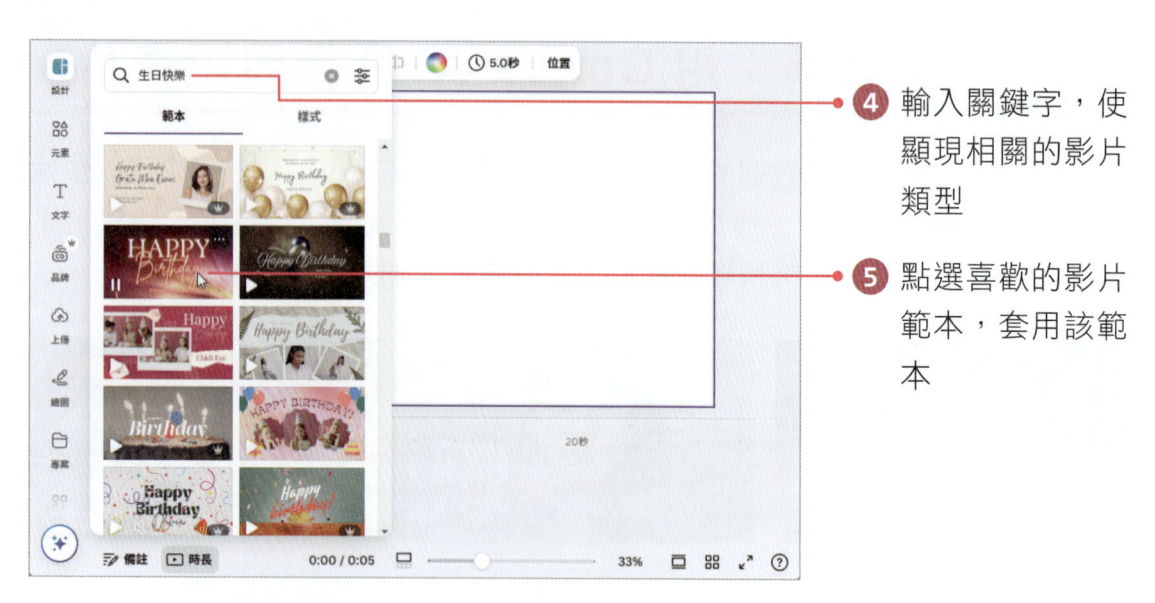

④ 輸入關鍵字,使顯現相關的影片類型

⑤ 點選喜歡的影片範本,套用該範本

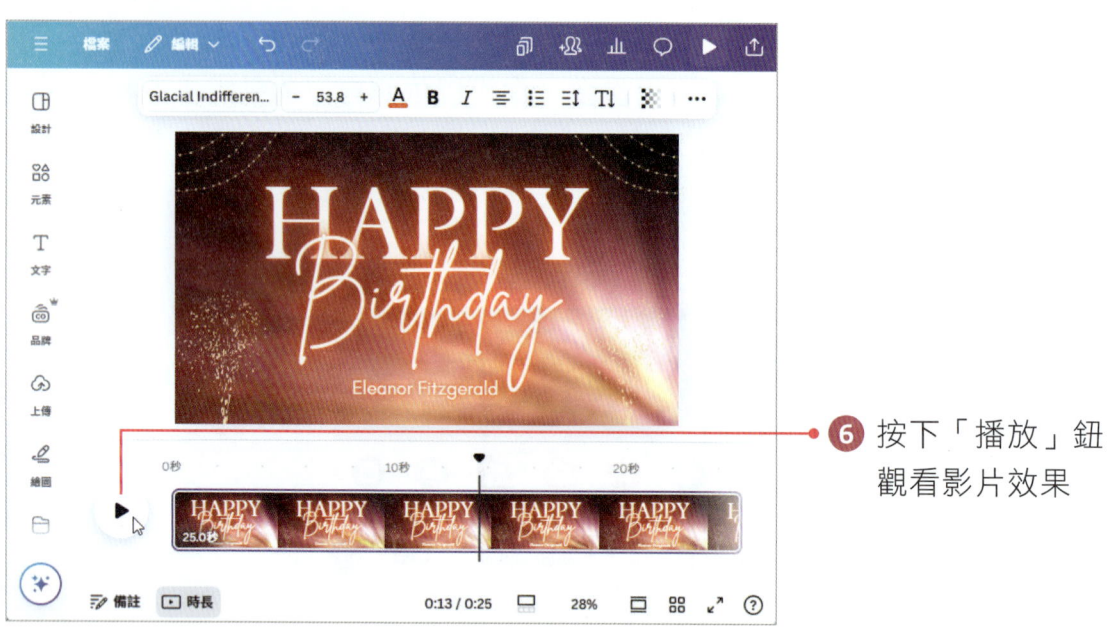

⑥ 按下「播放」鈕觀看影片效果

4-3-2 修剪影片長度

在這個範本中,影片長度有 25 秒,但是當英文字出現後,畫面除了左右兩處的底端有噴出火花外,其餘物件是不動的,所以我們將修剪畫面的長度成為 3 秒鐘,之後再串接我們想要傳達的畫面。

❶ 將不想要保留的文字方塊進行刪除

❷ 拖曳時間軸的右邊界，並往左移動到 3 秒處，就完成影片片段的修剪

4-3-3　新增頁面與插入新素材

確定第一個畫面後，接下來我們要按下影片後方的「＋」鈕來新增頁面，同時利用「上傳」功能，將所需的畫面插入到影片中。

❶ 按此鈕兩次，使新增兩個空白頁面

❷ 按「上傳檔案」鈕，找到要上傳的檔案

❸ 依序點選檔案

❹ 將上傳的畫面拖曳到空白頁面中，使之加入，並調整大小

4-3-4 加入宣傳文字

單單一個畫面無法表達你要傳達的內容，我們可以利用「文字」工具來加入文案。在 Canva 裡面除了可以從無到有新增文字方塊外，還有許多組合式的文字範本可以套用修改。這裡我們就選用現成的文字範本來進行編排。

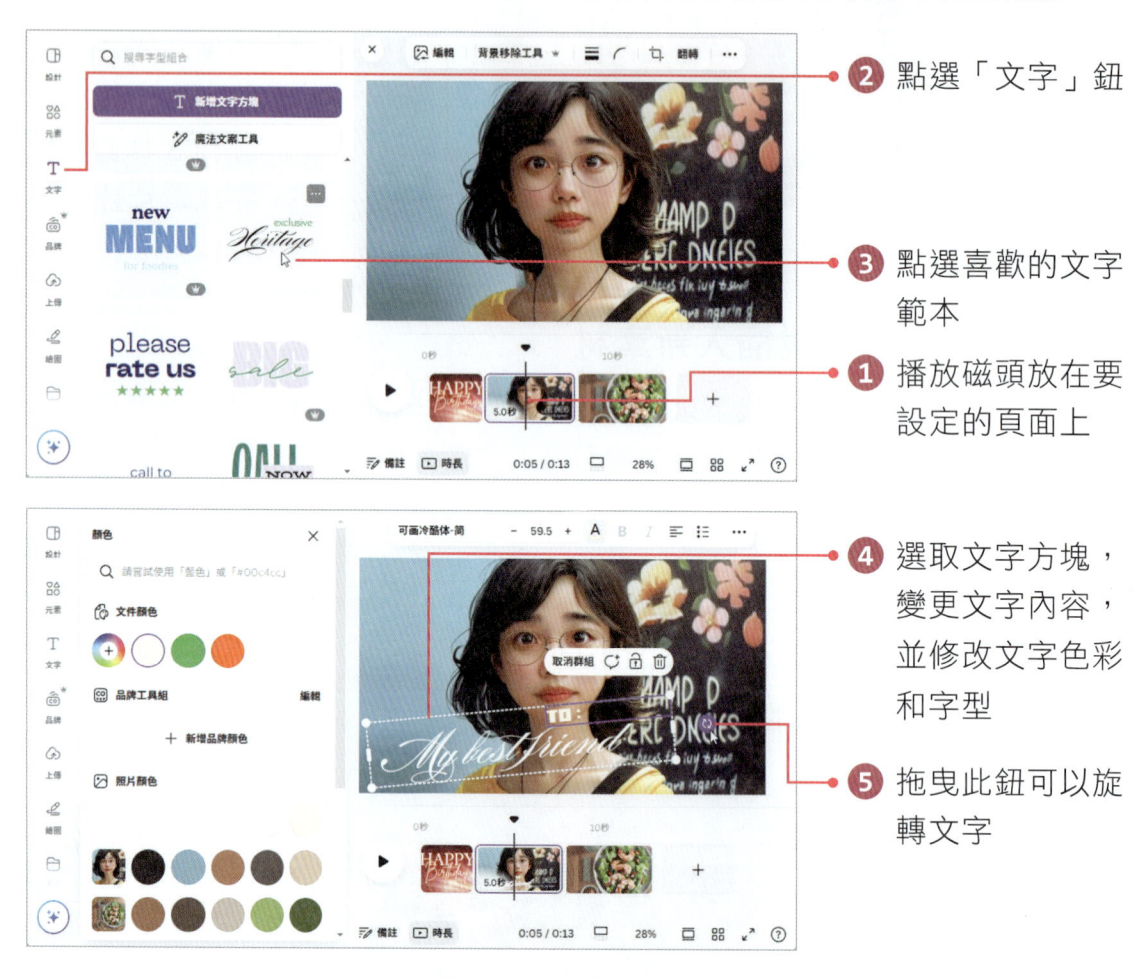

❷ 點選「文字」鈕

❸ 點選喜歡的文字範本

❶ 播放磁頭放在要設定的頁面上

❹ 選取文字方塊，變更文字內容，並修改文字色彩和字型

❺ 拖曳此鈕可以旋轉文字

如果預設的文字位置想要修改，只要按下「取消群組」鈕，即可進行調整。修改後再將兩組文字「建立群組」。

請以同樣方式設定另一頁面的文字。

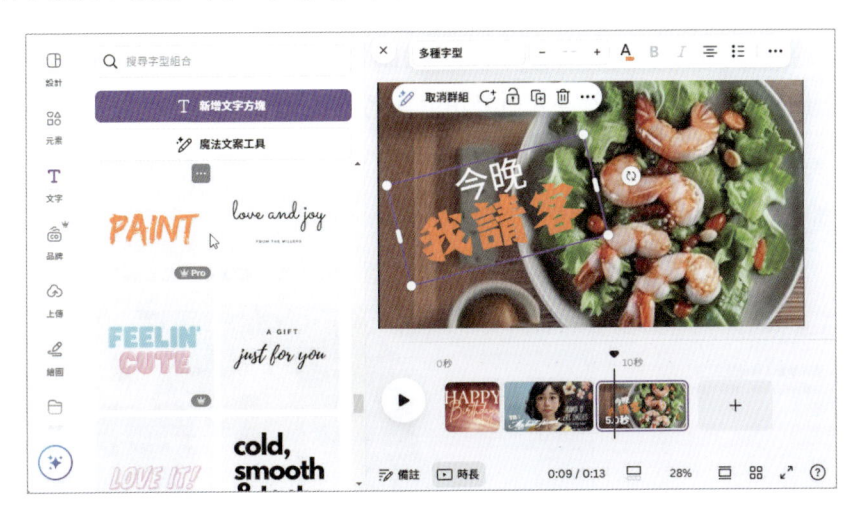

4-3-5 插入裝飾的元素

要讓畫面更精彩豐富，利用「元素」功能插入裝飾的物件是不錯的選擇，這裡我們將在第二個頁面插入「生日蛋糕」的圖案，同時做去背景處理，讓蛋糕與背景的人物能夠完美的顯現在一起。

- ❺ 按此鈕去除背景
- ❸ 輸入關鍵字進行搜尋
- ❷ 點選「元素」鈕
- ❹ 點選喜歡的插圖，使之加入
- ❶ 播放磁頭放在第二頁
- ❻ 插圖去除背景了

113

4-3-6　設定頁面動畫效果

雖然已經加入畫面，但是畫面是靜止不動的，所以我們將利用「動畫」功能來加入動畫，使頁面能產生動態的變化。

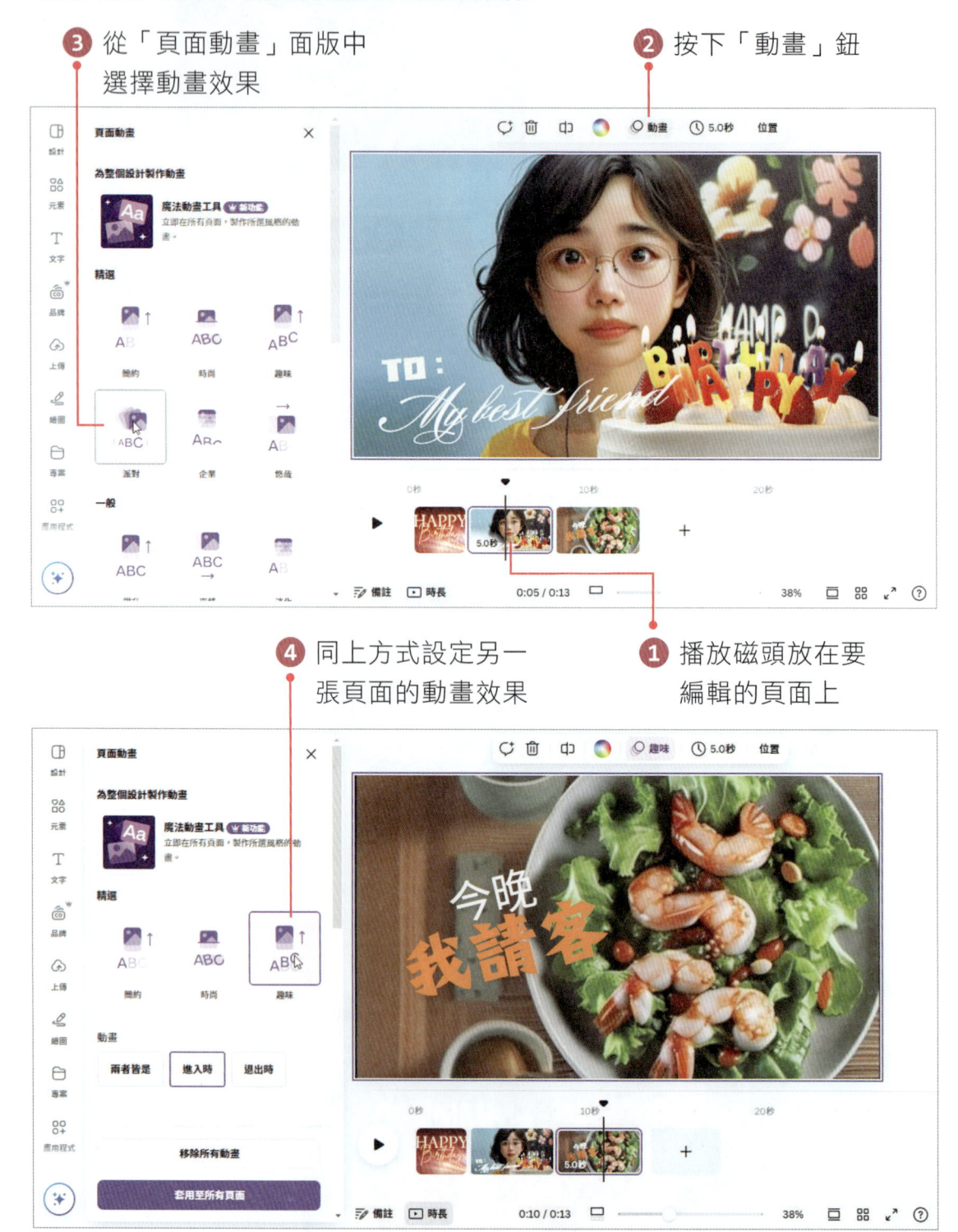

❸ 從「頁面動畫」面版中選擇動畫效果

❷ 按下「動畫」鈕

❹ 同上方式設定另一張頁面的動畫效果

❶ 播放磁頭放在要編輯的頁面上

4-3-7 加入轉場效果

除了加入頁面的動畫效果，還可以在頁面與頁面之間加入轉換的效果，使增加動態的豐富性。轉場的加入請點選頁面之間的「新增轉場」 鈕。

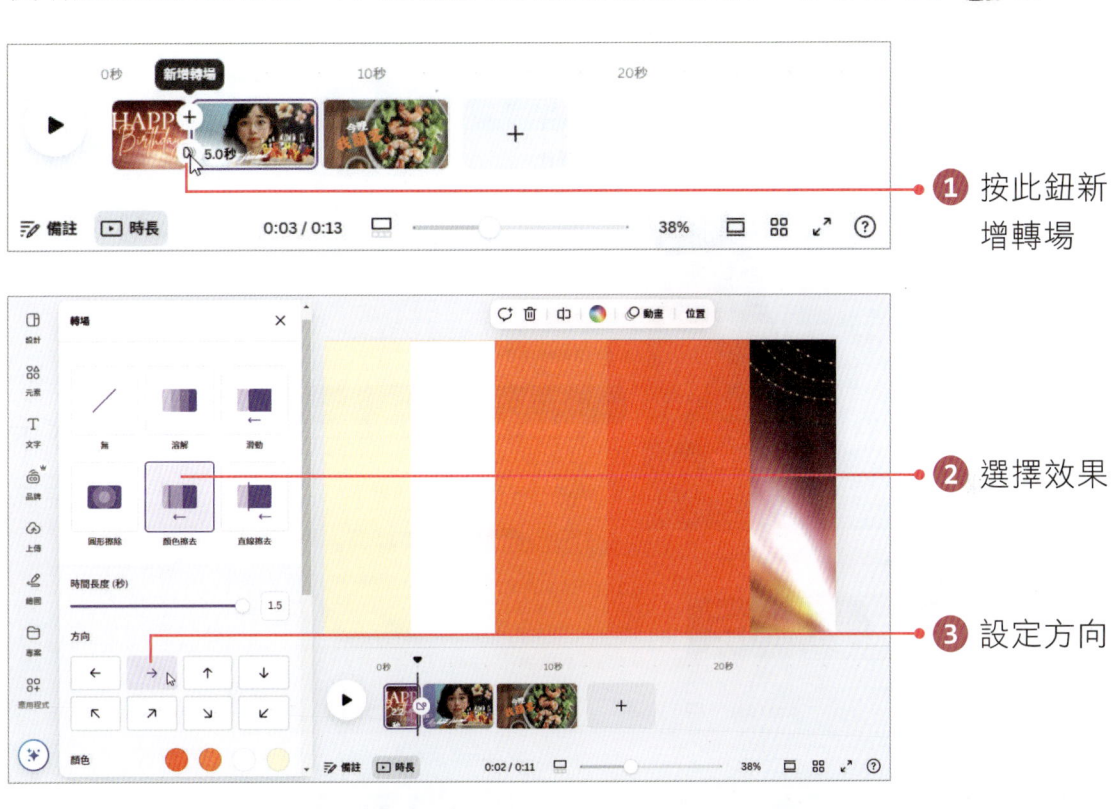

❶ 按此鈕新增轉場

❷ 選擇效果

❸ 設定方向

❹ 同上方式設定另一個頁面的轉場

4-3-8 分享影片

影片編輯完成後，各位可以按下上方的「播放」鈕以較大的畫面觀看影片效果，如果滿意的話就可以按下「分享」鈕下載到個人電腦中。下載方式如下：

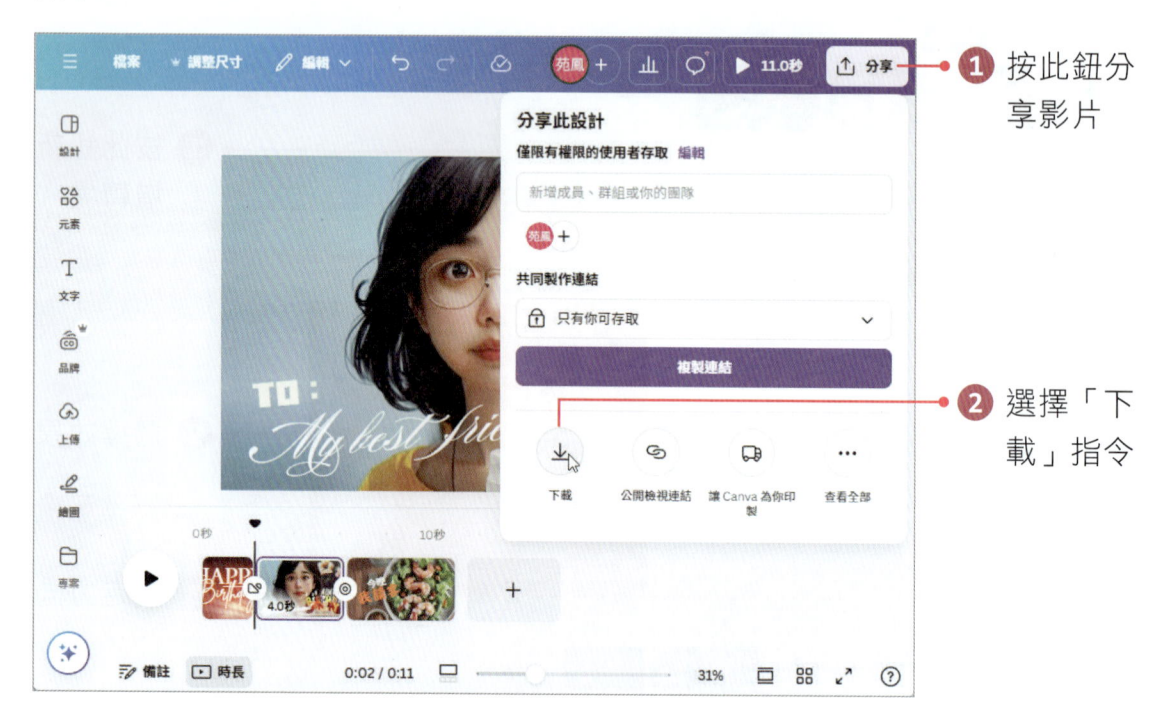

❶ 按此鈕分享影片

❷ 選擇「下載」指令

❸ 按此鈕下載檔案就完成

Chapter 4　課後習題

實作題

1. 請參考本章「主題名稱：設計社群圖片」練習實作一個屬於自己專屬的社群圖片。

2. 請參考本章「主題名稱：社群貼文」練習實作一個自己感興趣的社群貼文。

3. 請參考本章「主題名稱：用 Canva APP 編製短影片」練習實作一個有趣的生活或旅遊記錄的短影片。

Chapter 5 教育與校園應用

5-1 主題名稱：資訊圖表視覺化
5-2 主題名稱：專題簡報
5-3 主題名稱：安排課程

Canva 不僅是設計工具，更是教育者的好幫手。透過本章，你將學會如何運用 Canva 建立教育相關的設計作品，從資訊圖表到課程安排，為教學加入更多創意與便利。

5-1　主題名稱：資訊圖表視覺化

在教學中，將複雜資料轉化為直觀易懂的圖表是一項挑戰，但使用 Canva 可以輕鬆完成這一目標。本節將逐步介紹如何利用 Canva 快速製作資訊圖表，幫助你提升資料表達的效果。

此處我們以業績銷售的派餅圖（Pie Chart）為主題，為各位示範如何透過搜尋範本的方式找到合適的資訊圖表，再依該資訊圖表範本修改成自己所要呈現的資料。完成畫面如下：

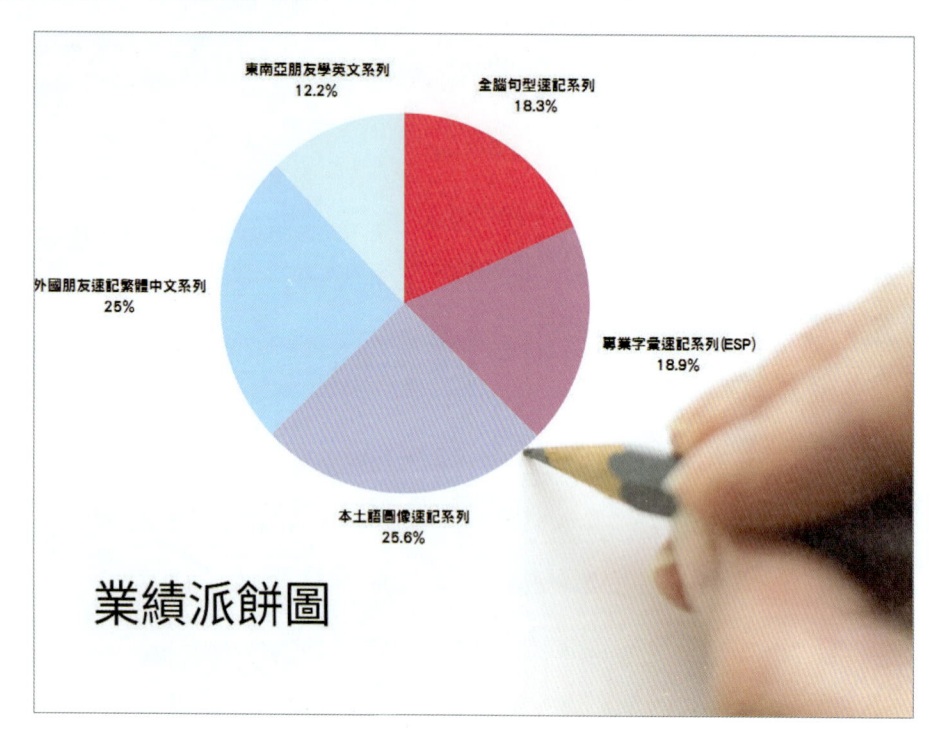

5-1-1　搜尋適合的資訊圖表範本

首先進入 Canva 主頁面，開啟專案，接著使用搜尋工具在主頁搜尋欄中輸入關鍵字如「info chart」、「資訊圖表」或特定主題。可以找到許多範本：

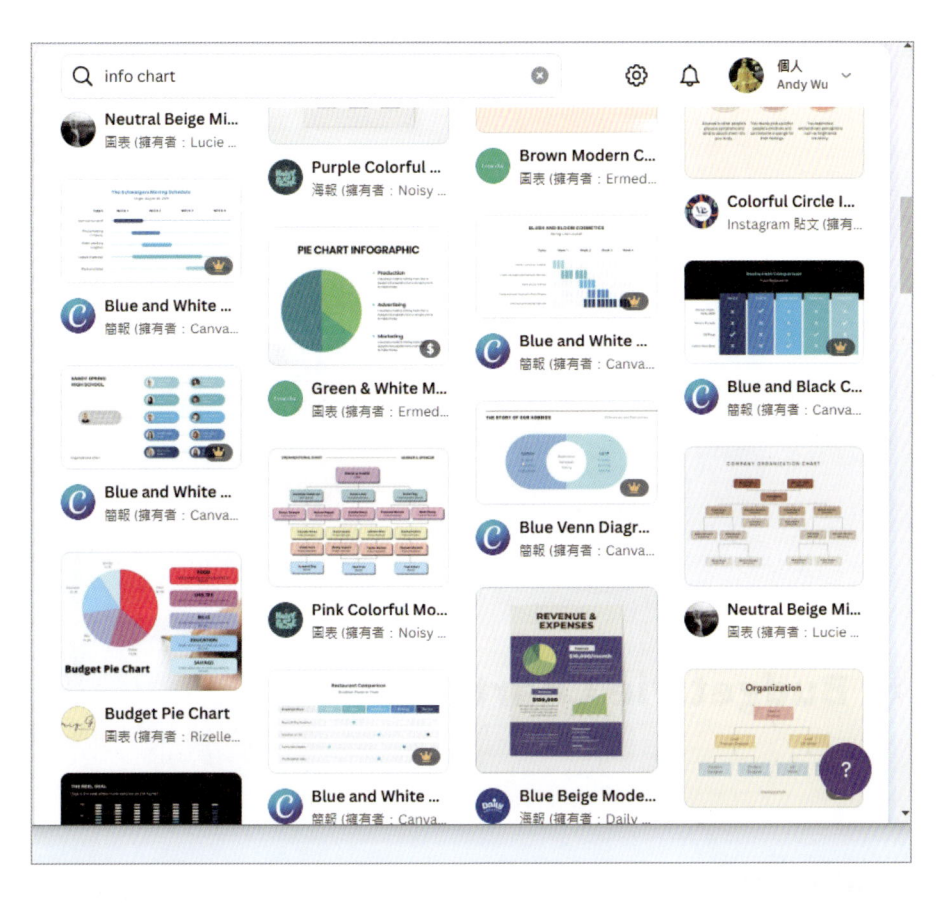

選擇範本：點擊一個適合的範本進入編輯頁面。若你不確定範本是否適合，可以預覽內容，檢視該範本是否已包含適合你的資料呈現風格。

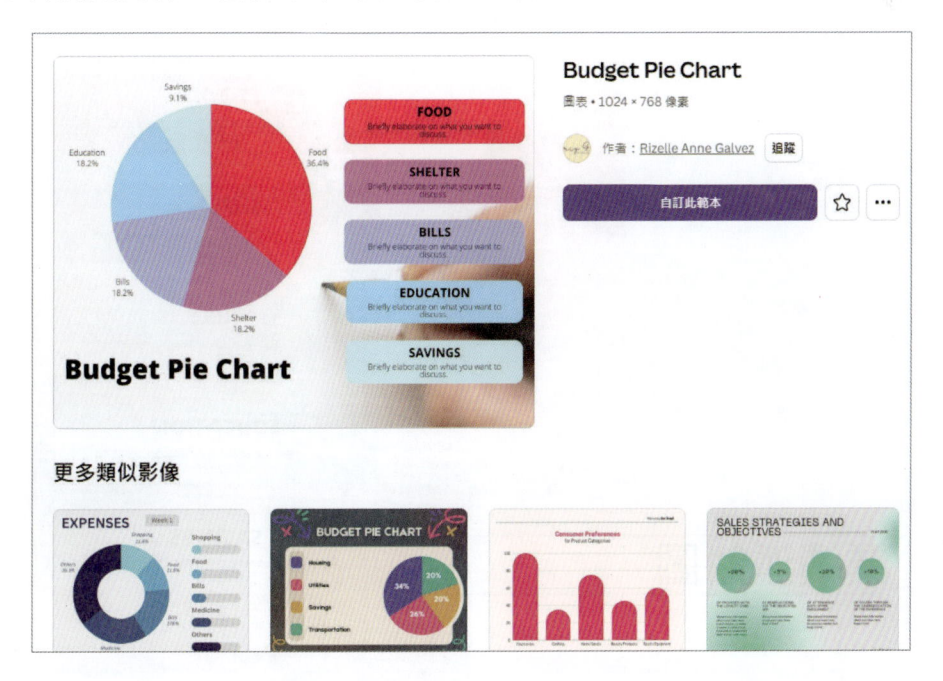

接著按「自訂此範本」鈕就可以將這個範本加入到頁面中。

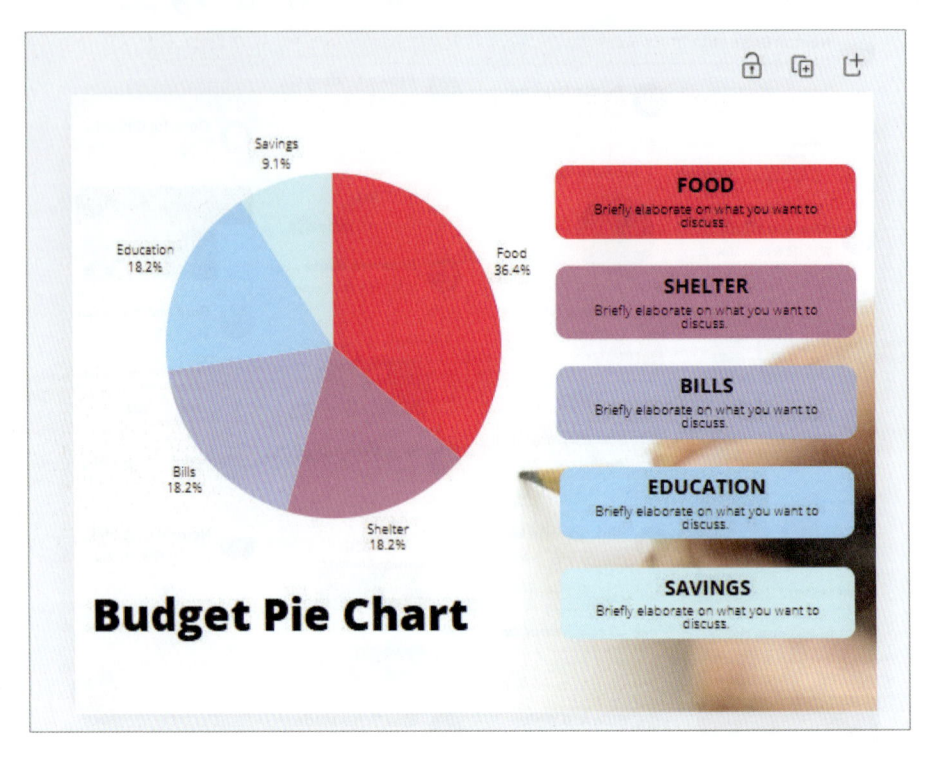

5-1-2　變更圖表名稱

如果要變更圖表名稱，請點擊範本中的圖表標題，進入編輯模式。

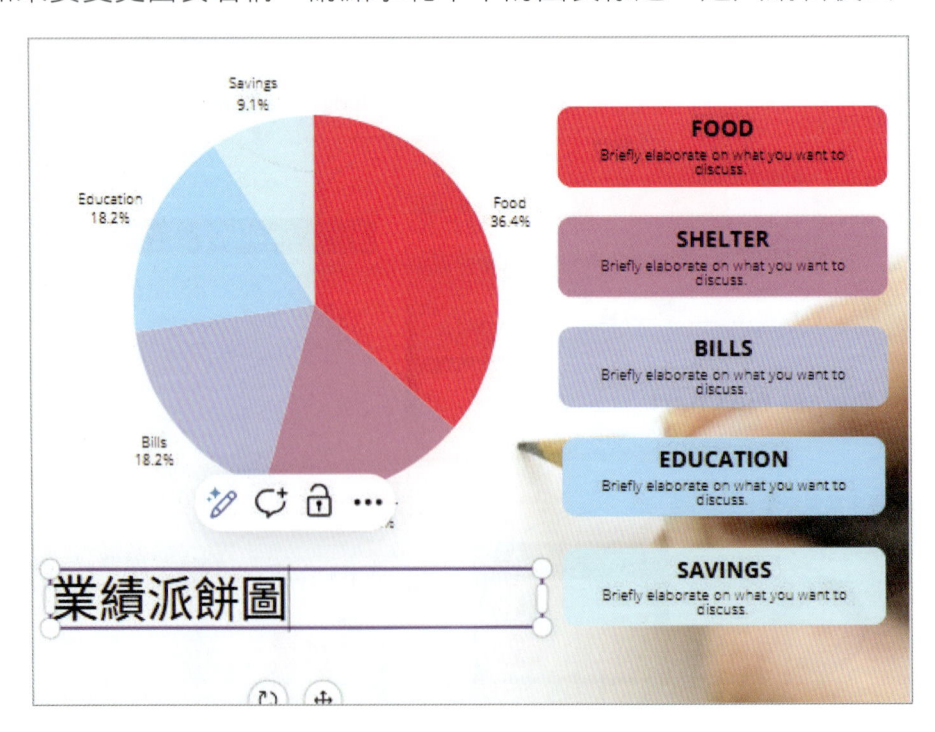

接著直接輸入圖表的標題，如「業績派餅圖」。各位也可以在頂部工具列選擇適合的字型和字體大小。這裡提供一個小技巧，選擇字型時，確保風格與主題一致，例如，教育主題可使用清晰且專業的字型。

5-1-3 展開表格資料

要展開表格資料，請先選取範本中的圖表區域，再於頂部工具列選擇「編輯」按鈕，圖表會出現側邊框，接著可以「　」鈕可以展開表格。

展開表格後，可以更清楚地檢視每列資料，適合進行詳細修改。

5-1-4 修改表格資料

接著各位可以直接點擊需要修改的資料儲存格，或直接從外部的 EXCEL 檔案複製貼上也可以。修改後，圖表將即時更新，無需額外手動儲存。

注意 確保資料的單位與圖表設計一致，例如百分比和絕對值不能混用！

下圖就是現有新的表格資料所呈現的派餅圖外觀。

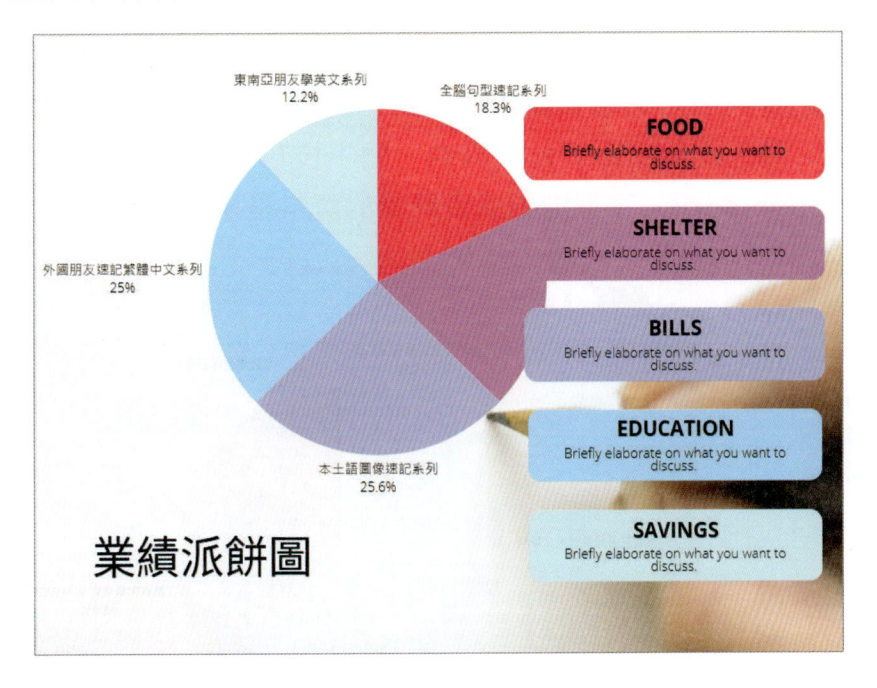

5-1-5 刪除資訊圖表中不需要的區塊

如果想刪除資訊圖表中不需要的區塊，請在圖表內點擊想要刪除的區塊，例如多餘的圖例或標籤。接著按鍵盤上的「Delete」鍵或右鍵選擇「刪除」。刪除區塊後，務必檢查圖表的整體平衡性，避免過於單調。

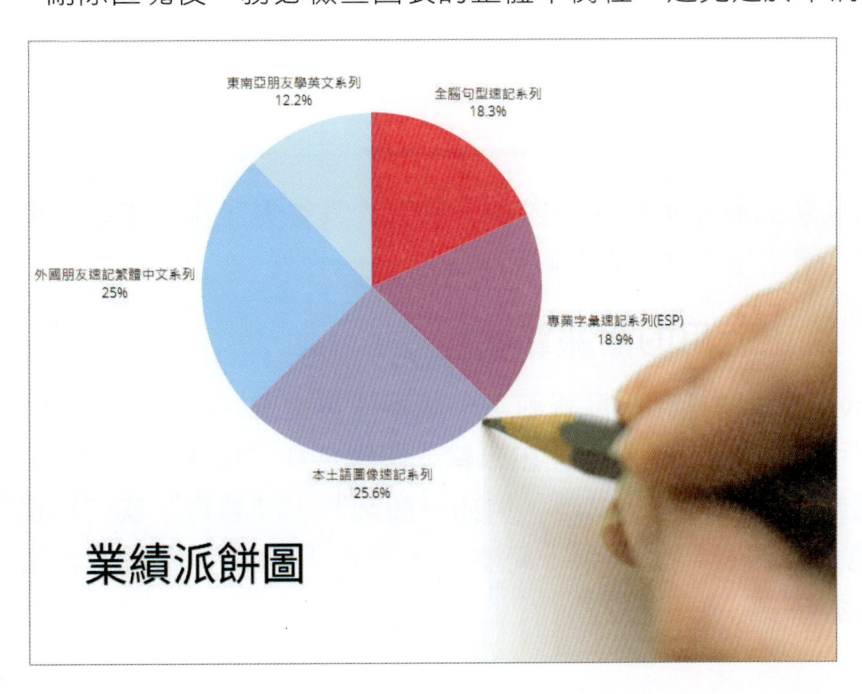

5-1-6 變更文字字型

若要變更文字字型，請點擊圖表中的任意文字部分，如標題或標籤。接著在頂部工具列中，點擊字型下拉選單，選擇所需字型。也可以進一步修改字體大小、顏色及字間距。這裡提供一個小技巧，「Serif」字型適合正式報告，而「Sans-serif」字型則更適合簡潔的資料呈現。

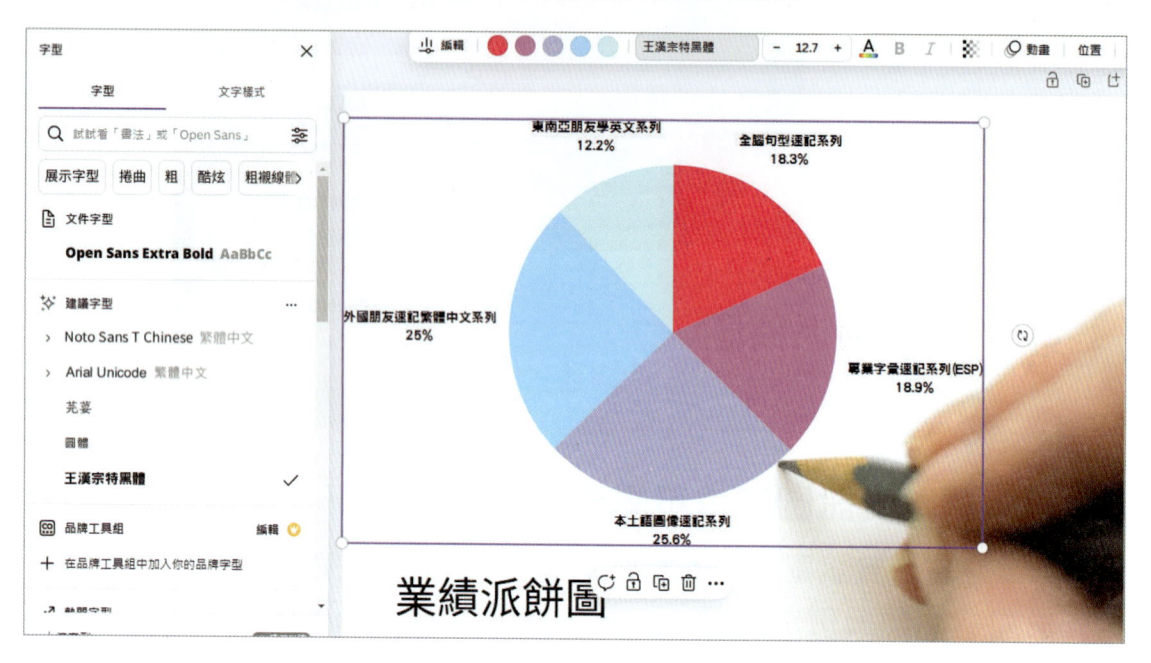

5-2 主題名稱：專題簡報

一場成功的簡報不僅在於內容，更在於其視覺呈現。本小節將帶你設計專題簡報，讓主題與展示更有吸引力。

5-2-1 挑選適用的簡報範本

Canva 提供多樣化的簡報範本，涵蓋商業提案、教育展示到個人專題報告。我們可以在 Canva 主畫面中，輸入關鍵字如"簡報"或"專題報告"。或是篩選類別以符合你的主題，例如"商業"、"教育"或"科技"。這裡我們示範先在側邊欄切換到「範本」，再從「範本」找到「簡報」分類，如下圖所示：

接著檢視風格與設計,確保範本的整體風格符合簡報目的。

注意 範本是否提供足夠的頁面結構,如標題頁、目錄頁與內文頁!

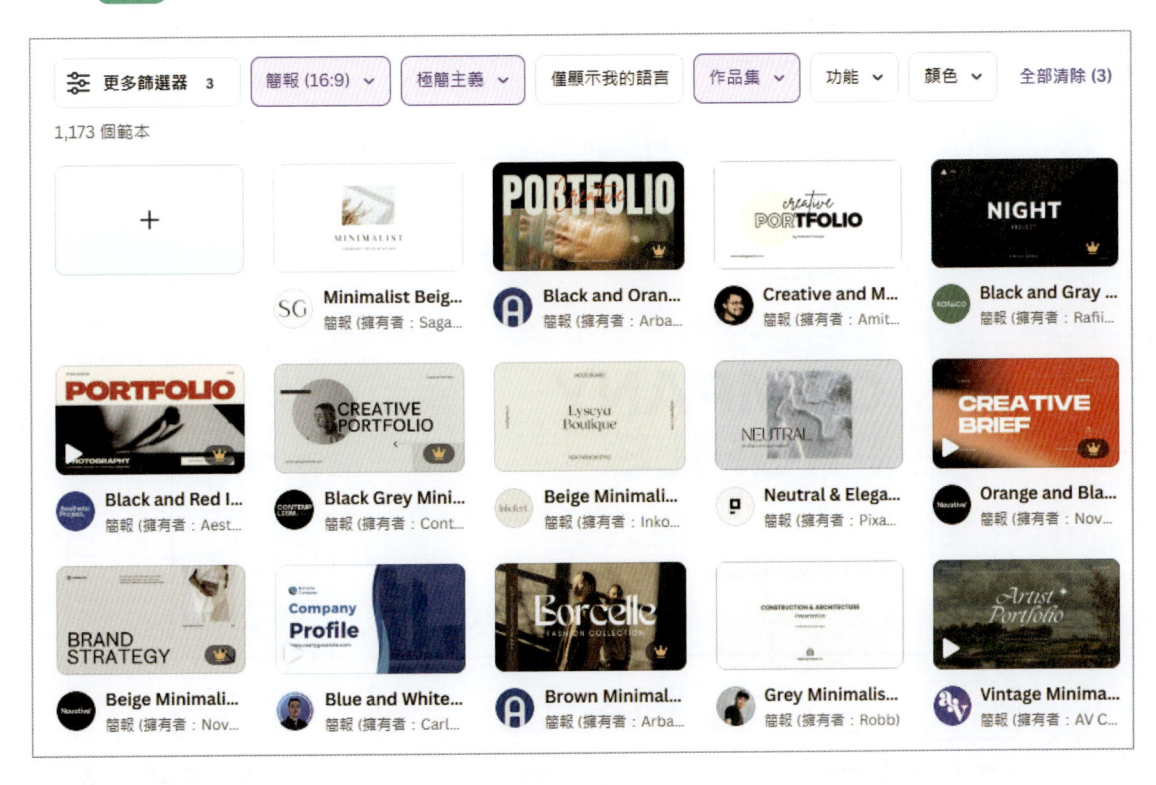

選中喜愛的範本後，按下「自訂此範本」，進入編輯模式。這裡建議挑選具備清晰字體、對比明顯配色的範本，便於觀眾閱讀與理解。

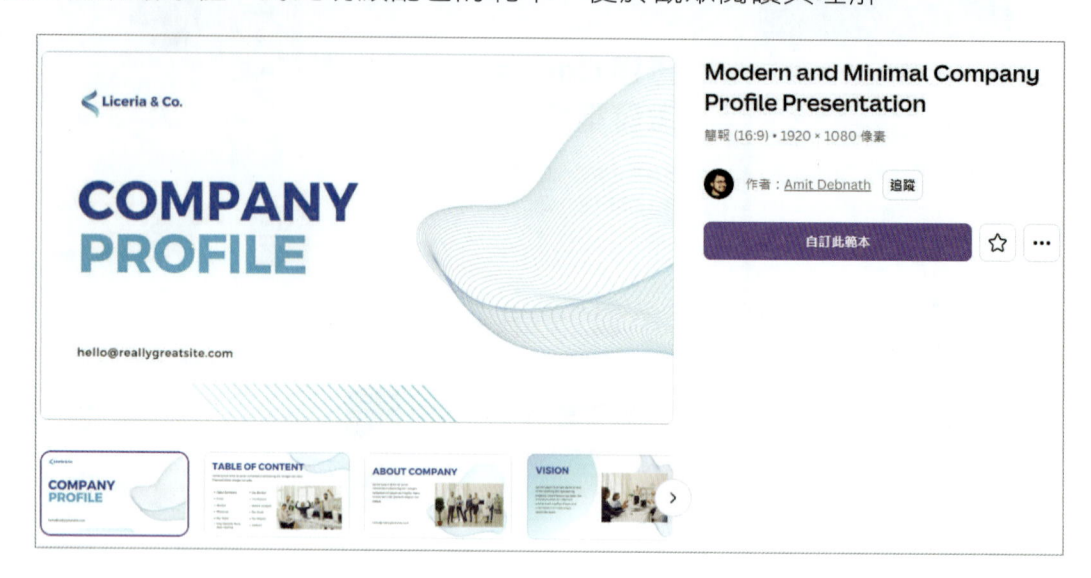

5-2-2　利用網格檢視刪除不必要頁面

簡報應避免頁數冗長而失焦。我們使用 Canva 的網格檢視功能快速整理頁面，要啟用網格檢視，請點擊工作區右下角的「網格檢視 ▦」圖示。所有簡報頁面將縮略顯示。

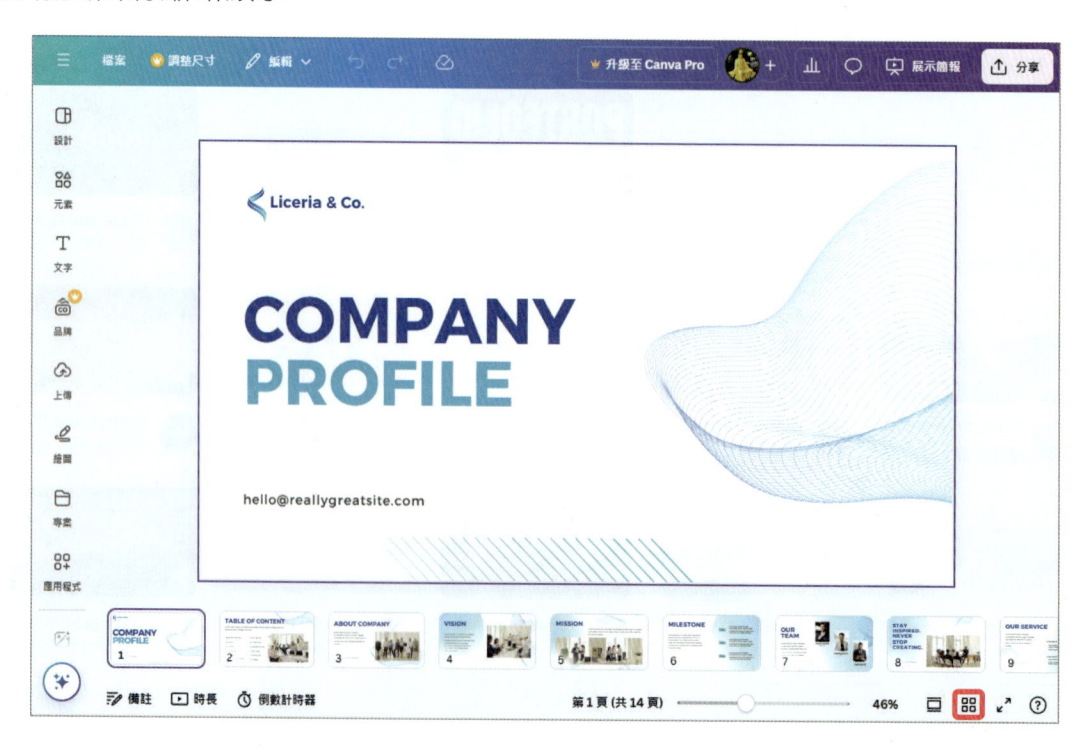

接著按滑鼠右鍵於需要刪除的頁面，執行刪除指令，就可以刪除該頁面，但請注意保留的頁面能完整表達主題。各位也可以拖曳頁面至合適的位置，調整邏輯順序。建議保持簡報精簡，並確保各頁流暢銜接。

5-2-3　修改頁面文字及變更圖片

在簡報範本的基礎上，個性化設計內容是關鍵，如果要編輯文字，請點擊任意文字框，直接輸入或貼上內容。使用工具列更改字體、字號及顏色。各位也可以使用粗體、劃底線或明亮色字來強調重點內容。

如果要變更圖片，可以上傳圖片或從 Canva 圖庫選取相關圖片。

接下來的工作就是調整布局，我們可以適當拖曳圖片與文字框，創造平衡的視覺效果。也可以新增圖示或形狀增強頁面設計。這裡建議使用高解析度圖片，並確保圖片與文字具備視覺協調性。

5-2-4　套用其他範本元素或色彩獨創頁面風格

　　創造獨具特色的簡報能讓觀眾印象深刻。你可以靈活運用 Canva 的範本元素與自訂色彩。如果要新增範本元素，可以點擊左側工具列中的「元素」選項，搜尋圖示、插圖或形狀。再將元素拖曳至頁面，並調整大小與位置。建議各位要控制頁面元素數量，避免過於雜亂，並確保色彩與主題一致。另外我們也可以搜尋其他的範本，並找到你喜歡的範本，在該範本的右方點選「⋯」：

　　再依各頁面的需求，點選要「僅套用文字」、「僅套用顏色」、「套用元素」。

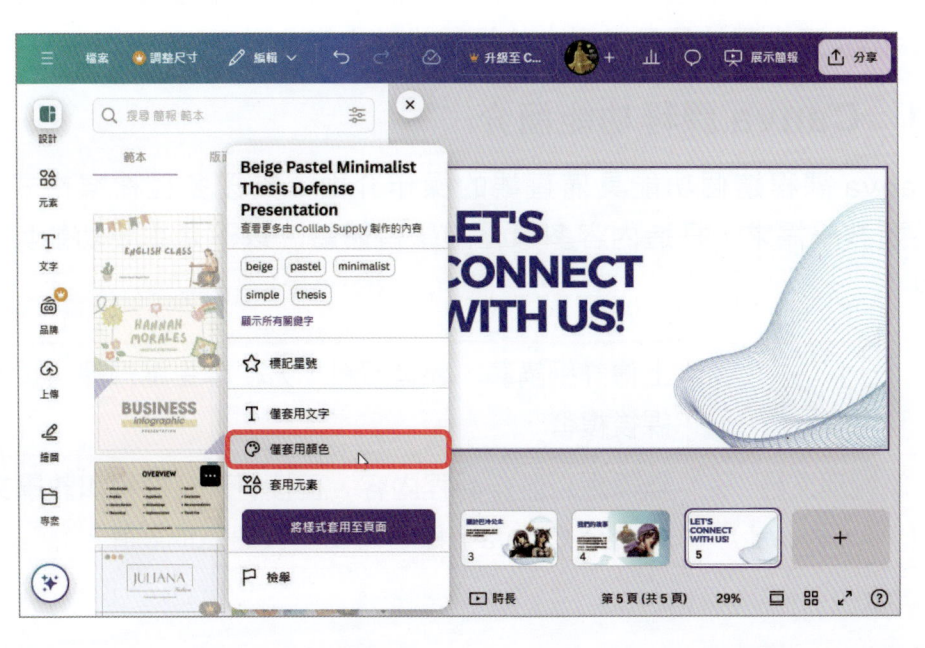

透過以上步驟，你可以快速製作專業且吸引人的專題簡報，無論是商業展示還是教育報告，都能在視覺與內容上脫穎而出。

5-3 主題名稱：安排課程

Canva 課程功能是一個專為教育工作者、企業培訓師與個人講師設計的強大工具，讓你輕鬆建立、管理並分享高品質的在線課程。本小節將指導你使用 Canva 建立獨特且具吸引力的課程設計內容。

5-3-1 Canva 課程功能簡介

Canva 課程這個功能具備直觀的操作介面，支援多種檔案格式上傳，滿足各類教學需求，打造內容多樣化的學習體驗。以下是主要功能與支援檔案類型：

PDF 檔案	上傳詳細講義、學習資料，方便學生進行課前預習或課後複習。
簡報與文件（PPT、Word）	無需重新製作課程內容，直接將現有簡報和教學文件整合至 Canva，節省時間並快速完成設計。

影像檔 （JPEG、PNG）	插入圖表、照片、插圖等視覺素材，提升教案的視覺效果，增加學習者的興趣與專注力。
音訊檔 （MP3）	添加講解錄音或背景音樂，讓學習內容更生動有趣，提升學習者的參與感與沉浸感。
影片檔 （MP4）	嵌入教學影片、操作示範或案例分析，打造多媒體課程，提升學習效果與互動性。

　　總的來說，Canva 課程功能結合了簡便的設計操作和多樣化的檔案支援，幫助你快速建立內容豐富且具吸引力的在線課程。不論是學校教育、職業培訓，還是個人興趣學習，都能輕鬆滿足不同學習者的需求。Canva 課程功能讓教學變得更簡單、更高效，是你建立卓越教案的最佳選擇。

5-3-2　建立「課程」設計

　　首先示範如何在 Canva 建立「課程」設計。請在「首頁」點選「顯示更多」鈕：

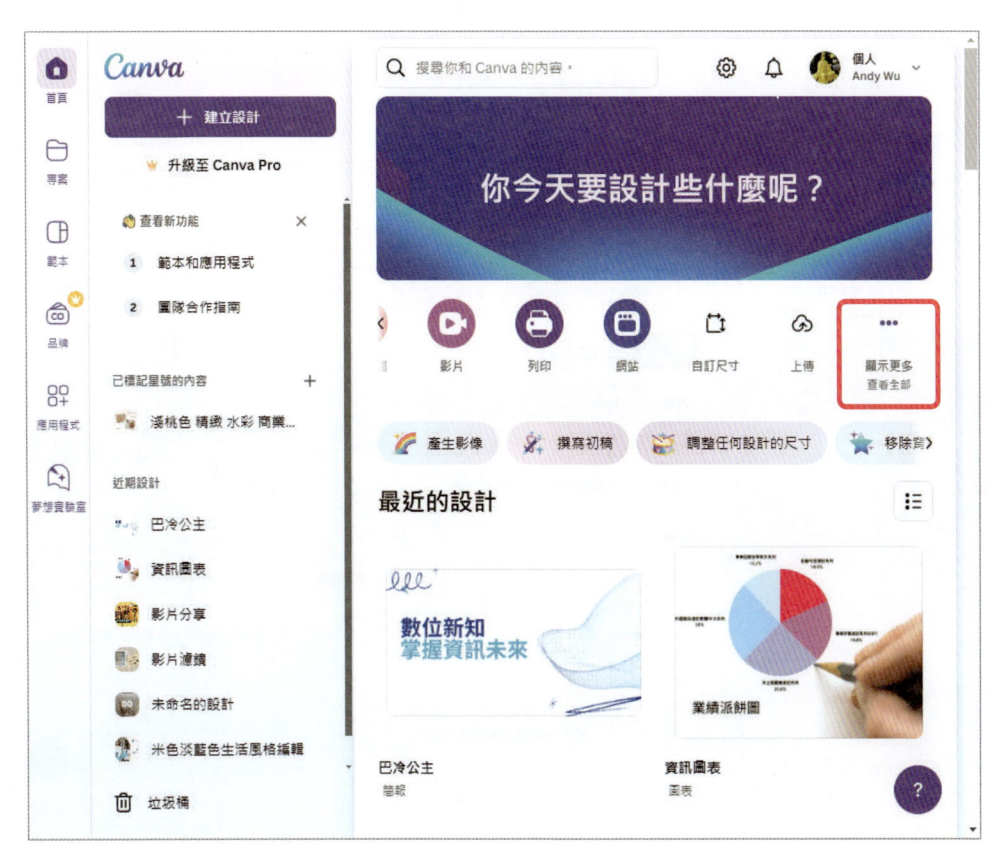

接著在「熱門」設計類型的區塊點選「課程」。

會出現一個新的設計專案，預設的名稱是「新課程」，各位可以依需求修改課程名稱、課程說明等資料。

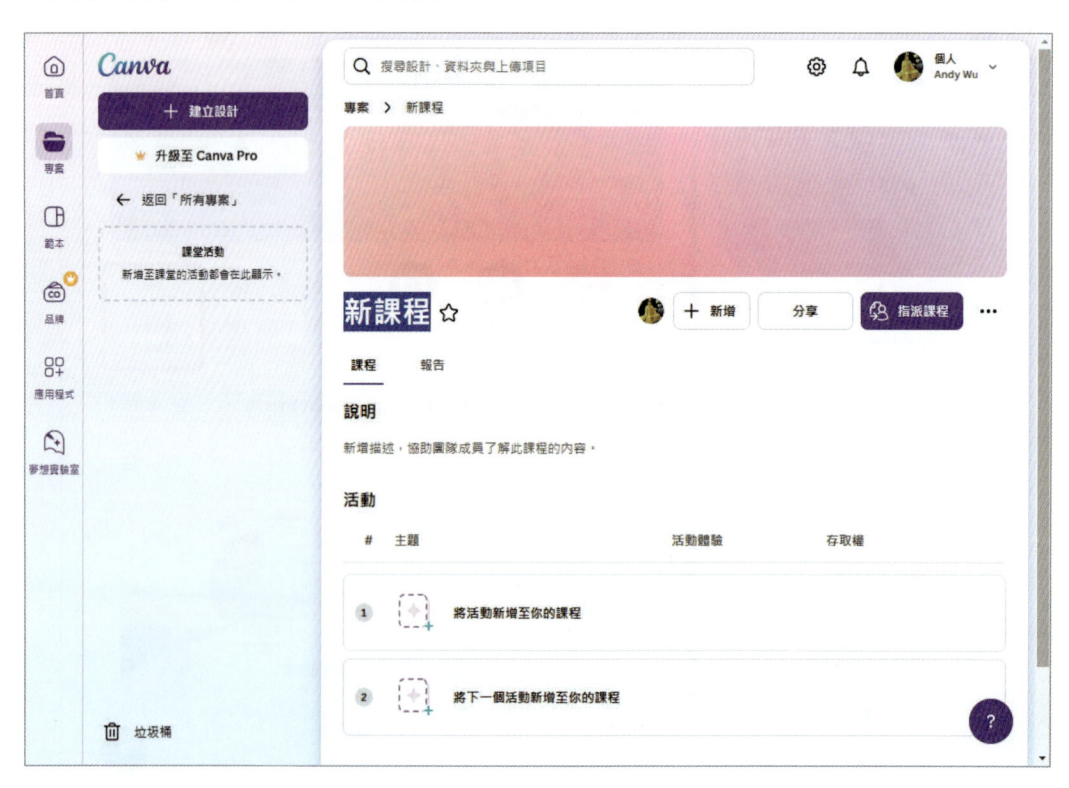

5-3-3　將專案的設計移動到課程

　　接著各位將學習到如何將專案的設計整合至課程，保持課程內容的連貫性與一致性。如果要將 Canva 的設計當作教材，除了可以「建立新設計」之外，也可以直接從專案中選擇已有的設計，再將其複製或移動到課程中。下例示範如何從專案中現有的設計移動到課程。首先點擊課程名稱右側的「新增」鈕，在下拉的功能選單中執行「選擇設計」指令：

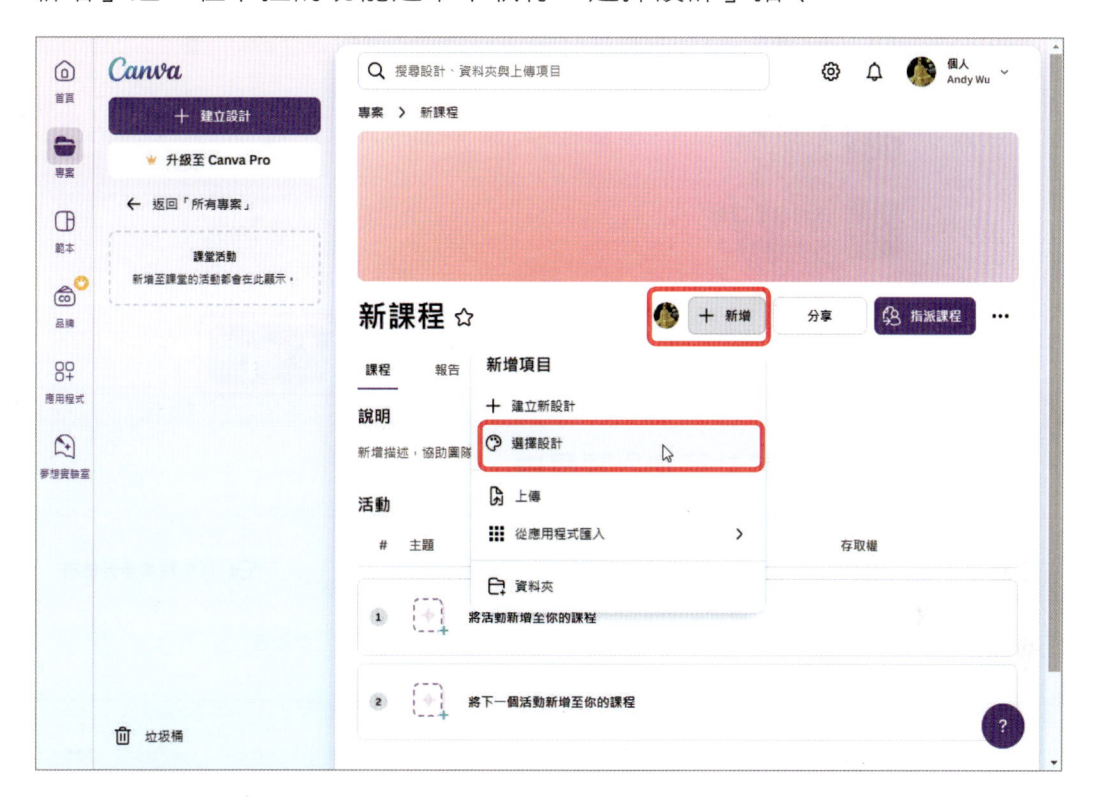

接著點選「你的專案」：

135

先選要加入課程的設計,再按「移動」鈕。

之後就可以看到該設計已加入課程中。

5-3-4 上傳檔案到 Canva 課程

除了將專案的設計移動到課程外,也可以上傳本地端電腦的檔案到課程之中。請點擊課程名稱右側的「新增」鈕,接著在下拉的功能選單中執行「上傳」指令:

再從電腦本機端指定資料夾選擇要上傳的檔案後,按下「開啟」鈕,就可以開始進行檔案上傳的工作。

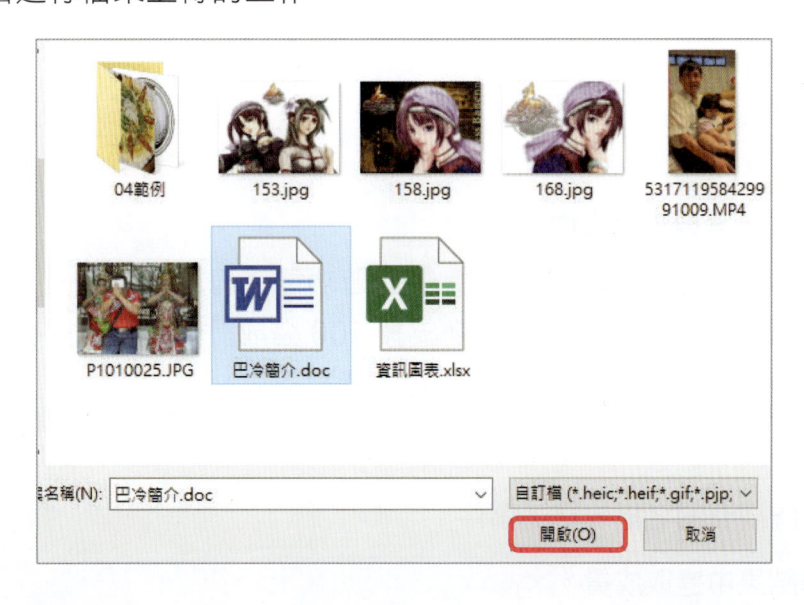

順利上傳完畢後,就可以看到課程中又加入了上傳的檔案。

5-3-5 課程的分享與指派

課程的分享與指派，這項功能必須是你帳號所屬的 Canva 團隊的成員。這裡我們只是簡單補充說明如何分享課程給團隊的成員，並指派不同角色與權限，讓課程順利傳達給目標學習者。

> **Tips**
>
> **Canva 課程分享與指派指南**
>
> Canva Pro 適合個人使用，提供進階功能、範本及媒體資源；Canva Teams 則專為建立團隊設計，最多支援 100 名成員。而團隊擁有者或管理員可隨時變更角色設定。至於分享課程步驟如下：
>
> 1. 在編輯器上方選單中，點選「分享」。
> 2. 輸入團隊成員的名稱或電子郵件。
> 3. 從搜尋結果中選取成員。
> 4. 使用下拉選單設定權限：可編輯、可評論、可檢視。
>
> 這樣即可輕鬆分享與指派課程內容。

Chapter 5　課後習題

▋**實作題**

1. 請參考本章「主題名稱：資訊圖表視覺化」練習實作一個感興趣的主題的相關資料，並以資訊圖表視覺化呈現。

2. 請參考本章「主題名稱：專題簡報」練習實作一個特定學科主題的專題簡報。

3. 請參考本章「主題名稱：安排課程」練習安排一個 Canva 課程。

5 人人必學 Canva 簡報與 AI 應用

Chapter 6

職場與商業應用

6-1 主題名稱：履歷表設計

6-2 主題名稱：名片製作

6-3 主題名稱：一頁式多連結網頁

在職場和商業競爭中，專業的設計是贏得信任的重要因素。本章將介紹如何利用 Canva 設計出色的履歷表、名片及一頁式多連結網頁，有助於你在職場與商業環境中脫穎而出。

6-1　主題名稱：履歷表設計

履歷表是展示專業形象的重要窗口，也是求職過程中給予招聘方的第一印象。本小節將帶你使用 Canva 設計出一份清晰、美觀且專業的履歷表，助你贏得職場機會。

6-1-1　簡約履歷表的注意重點

簡約履歷表強調的是內容與設計的平衡，應避免過度華麗，同時保持專業與易讀性。因此設計一份簡約履歷表時，應注意以下幾個重點，以確保內容清晰且專業：

★ **清晰的版面設計**

避免過多的顏色與圖形，採用簡單的排版讓資訊更易閱讀。另外，使用一致的字型與字體大小，例如標題使用稍大字體，正文保持統一的間距與行距。

★ **重點內容呈現**

包含必需資訊，如聯絡方式、個人摘要、工作經歷、學歷及技能。優先強調與職位相關的經驗與成就，避免過多無關資訊。

★ **視覺上的一致性**

色彩搭配應簡單一致，例如使用 1～2 種主色調（如黑白加點綴色）。儘量保持圖片或圖示的大小一致，確保整體設計簡潔且專業。

★ **易於掃描的結構**

使用分段式內容，例如加入清晰的小標題（如「技能」、「經驗」）以幫助招聘者快速瀏覽。另外也可使用符號或簡單的圖示來強調重點，但避免過度裝飾。

★ **確保資訊正確**

校對文字避免錯字與語法錯誤，並確保所有聯絡資訊、連結（如作品集或 LinkedIn）均有效。

6-1-2　找尋合適的履歷表範本

首先請登入你的 Canva 帳戶，接著開啟專案，然後在 Canva 首頁的搜尋欄中輸入「履歷 中文」，系統會顯示各種專業設計的範本。

找到合適的範本後，點擊該範本以預覽設計，確定後點擊「自訂此範本」開始編輯。

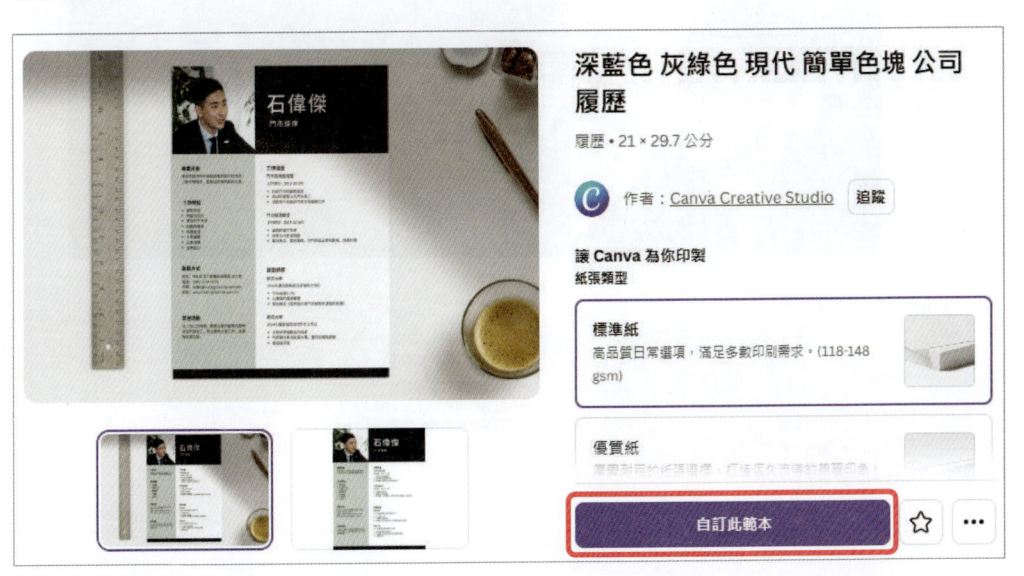

> **Tips**
>
> Canva Pro 付費版的翻譯功能可以將英文版的履歷表範本翻譯成中文，所以即使找到適合的範本是英文版，如果你已升級 Canva Pro 付費版，就可以將其翻譯成中文，如此一來，就可以有更多的履歷表範本選擇。

6-1-3 修改履歷表內容及圖片

★ 編輯文字內容

點擊範本中的文字框，輸入你的專業背景、工作技能、工作經歷等。並確保使用一致的字型與字體大小以保持整體風格統一。

✪ 更換圖片

點擊圖片框，在側邊欄選擇「上傳」以加入你的個人照片。

接著按「上傳檔案」鈕，開啟想要上傳的照片檔。

再將所上傳的圖片取代原範本的照片。

接著各位可以調整照片大小及位置,使其看起來自然且專業。另外也可以根據範本提供的設計風格,調整背景顏色及圖形元素以符合你的職業形象。

6-1-4 為工作成果加入超連結

要為工作成果加入超連結,請將文字(如工作成果的描述)或圖示(如代表某項技能的圖標)選中。按滑鼠右鍵,執行快顯功能表中的「連結」指令:

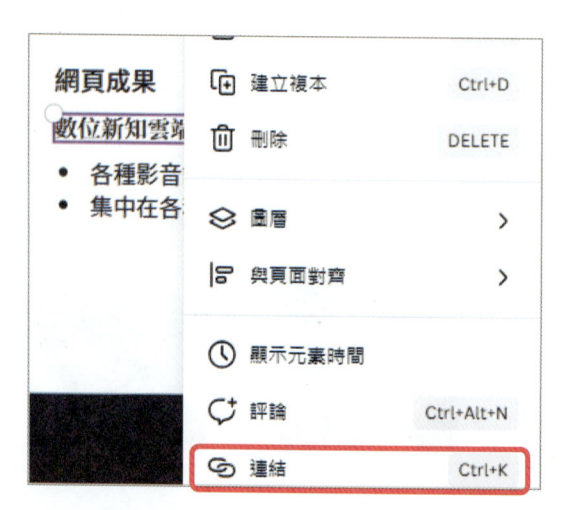

輸入相關網站或線上作品的網址。確保連結有效且正確，最後按「完成」鈕。

6-1-5 下載轉存 PDF 並測試連結

完成設計後，點擊右上角的「分享」按鈕，選擇「下載」，並在下載選項中選擇「PDF 格式」，以保留超連結功能，就會將檔案儲存到你的電腦。

6-1-6　測試 PDF 連結

請打開已下載的 PDF 檔案，逐一點擊超連結，確認每個連結均正常運作。

透過上述步驟，你即可利用 Canva 設計出一份專業且具吸引力的履歷表。

6-2　主題名稱：名片製作

名片是職場中不可或缺的工具，它不僅是交換聯絡資訊的媒介，更是傳達專業形象與品牌價值的關鍵設計物品。一張具備品牌特色的名片，能讓人對你留下深刻印象，進一步促進業務合作或建立人際網路。名片設計與製作的重要性如下：

★ **品牌形象呈現**

　　名片是企業或個人品牌的延伸，設計應與整體品牌風格一致，例如顏色、字體和圖案設計。

★ **專業形象表現**

　　名片設計簡潔且專業，會讓人感受到你的專業度與細心程度。

⭐ 便利資訊交換

名片可快速傳遞聯絡方式，如電話、電子郵件、公司地址與網站連結等，方便對方聯繫你。

6-2-1　印刷名片的注意事項

印刷名片是設計過程中的最後一步，但卻是最關鍵的一環。一個小細節的疏忽可能會影響成品的效果。本節將為你列出印刷名片時應該注意的事項，確保設計能完美呈現在實體名片上。

⭐ 台灣常見的名片尺寸大小

台灣標準名片尺寸為：90 mm×54 mm，也有部分人選擇歐美尺寸（如 85 mm×55 mm）。設計檔需考慮出血區域（通常四周各加 3 mm），以免裁切時影響設計內容。建議設計時將重要資訊留在安全範圍內（離裁切線約 3～5 mm）。

> **👑 Tips**
>
> **印刷時常聽到的出血是什麼，它的重要性為何？**
>
> 「出血」指的是印刷設計檔案四周多出的部分，用於避免裁切時出現白邊。當印刷品被裁切時，裁刀可能會有微小的偏移。如果沒有設定出血區域，設計的邊緣可能會出現未印刷的白色部分，影響成品的美觀。
>
> 出血的基本設定：
>
> 1. 範圍：出血區域通常設定為四周各 3 mm。
> 2. 內容延伸：出血範圍內應延續設計背景或圖案，但不要放置重要文字或圖案。

出血的重要性如下：

1. **避免裁切誤差**：裁切過程中，機器可能會有 1～3 mm 的偏差。設定出血可以確保成品的設計延續到邊緣，而不會因偏差導致白邊或破壞美感。
2. **確保專業品質**：出血區域的設定是專業印刷的基本要求，能提升整體視覺效果，讓成品看起來更完整且專業。
3. **適應各種印刷需求**：不同印刷廠的裁切標準可能略有差異，但有出血的設計檔案可以更靈活地適應。

⭐ 認識專業印刷的色彩模式

印刷品採用 CMYK 色彩模式，與數位顯示器常用的 RGB 模式不同：

1. **CMYK（Cyan, Magenta, Yellow, Key/Black）**：適用於印刷，色彩真實，避免色差。
2. **RGB（Red, Green, Blue）**：適用於螢幕顯示，色彩較鮮豔。

設計名片時，務必將檔案顏色模式設定為 CMYK，以確保印刷色彩的準確性。

⭐ 紙材與特殊工藝的選擇

1. **紙材**：選擇適合的紙材（如銅版紙、象牙紙、觸感紙等），能影響名片的手感與質感。
2. **特殊工藝**：可選擇燙金、凸版印刷、霧面膜或局部上光等，提升名片的視覺吸引力。

⭐ 檔案格式與解析度

1. **檔案格式**：提供 PDF、AI 或 EPS 格式，確保印刷清晰度。
2. **圖片解析度**：至少設定為 300 dpi，避免印刷時模糊不清。

👑 Tips

設計名片的創意靈感

善用 Canva 或 Adobe Illustrator 等設計工具，選擇專業的範本進行修改。另外，嘗試在設計中加入 QR Code，讓人方便掃描以獲取你的聯絡資訊或網站。

簡潔而不失創意是成功名片的關鍵，避免過多的文字或圖片堆砌。右列二圖是橫式名片及直式名式中擺放 QR Code 設計樣式的表現方式。

6-2-2 搜尋名片範本

一張設計出色的名片從靈感開始。搜尋範本不僅能節省設計時間,還能為你的創作提供多樣化的選擇。本節將教你如何有效地搜尋並挑選適合的名片範本,讓你的設計更具個人化和專業性。

首先請登入你的 Canva 帳戶,接著開啟專案,然後在 Canva 首頁的搜尋欄中輸入「中式名片」,系統會顯示各種專業設計的範本。

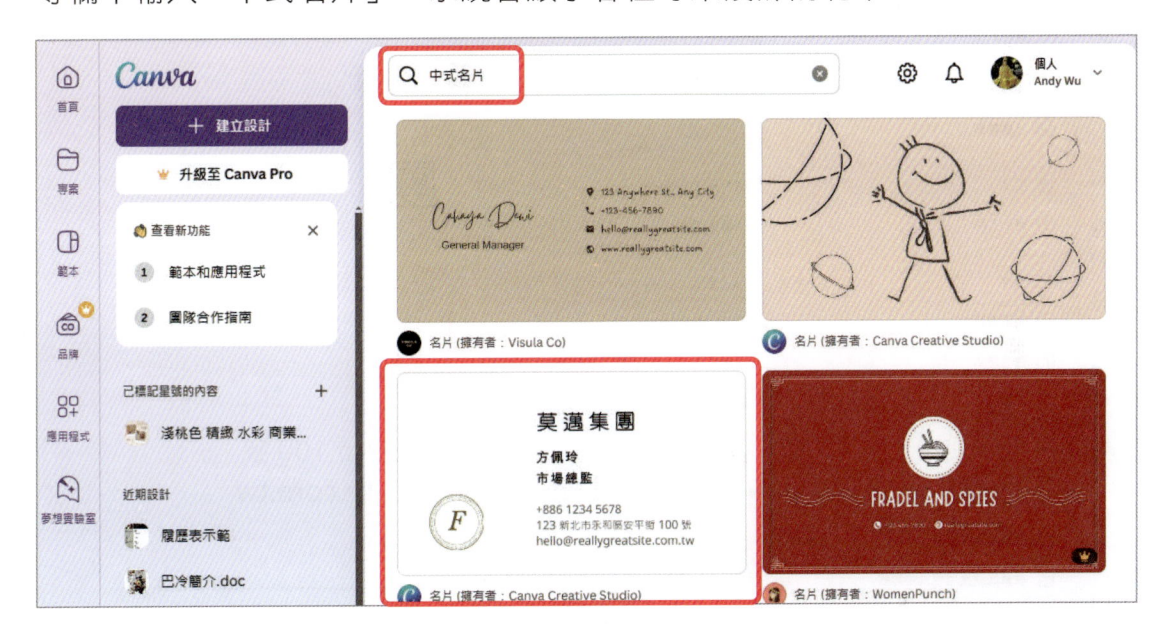

找到範本後,點擊該範本以預覽設計,確定後點擊「自訂此範本」開始編輯。

6-2-3 顯示印刷出血

　　印刷出血是確保成品名片不會出現白邊的必要設計細節。許多人在初次製作名片時常忽略這個步驟，導致印刷效果不佳。要設定出血，請執行「檔案 / 設定 / 顯示印刷出血」指令：

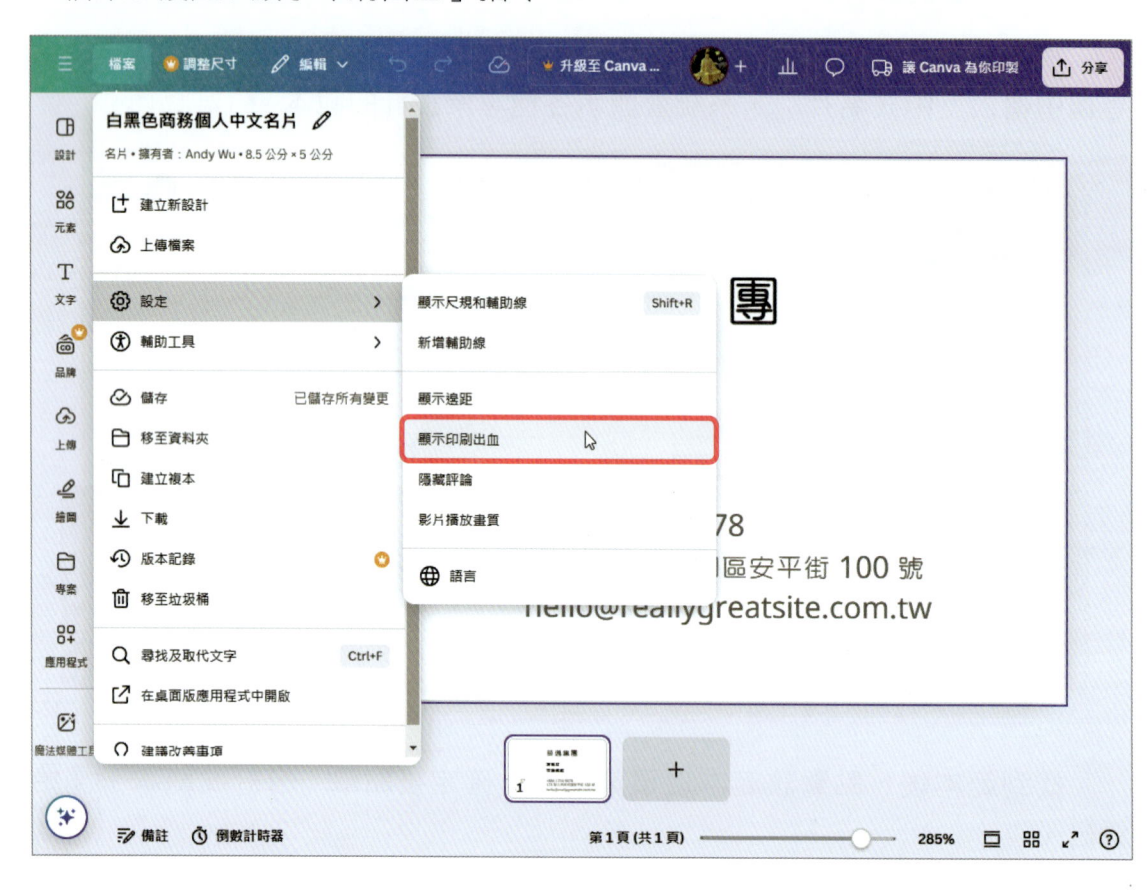

　　接著就會出現一個出血線，並幫忙標示外展的 3 mm 區域。如下圖所示：

6-2-4　修改名片資料

挑選好範本後,接下來的工作就是更改聯絡資訊及微調設計細節,本節將以上面的範本快速修改名片內容,確保你的名片始終保持最新與專業的樣貌。請依自己的資料進行名片資訊的修改:

6-2-5　下載檔案

當名片設計完成後,正確下載檔案是順利印刷的關鍵步驟。要下載檔案,請點擊右上角的「分享」按鈕,選擇「下載」。

6-2-6 設定「專業印刷」CMYK 色彩設定檔

　　接著會出現下圖的「下載」設定視窗，為了讓名片的顏色在印刷中精準呈現，設定 CMYK 色彩模式是不可忽視的細節。請將「檔案類型」設定為「PDF 列印」，並記得勾選「裁切標記和出血」及「將 PDF 平面片」兩個核取方塊，而「設定設定檔」請設定為「CMYK（適合專業印刷）」。

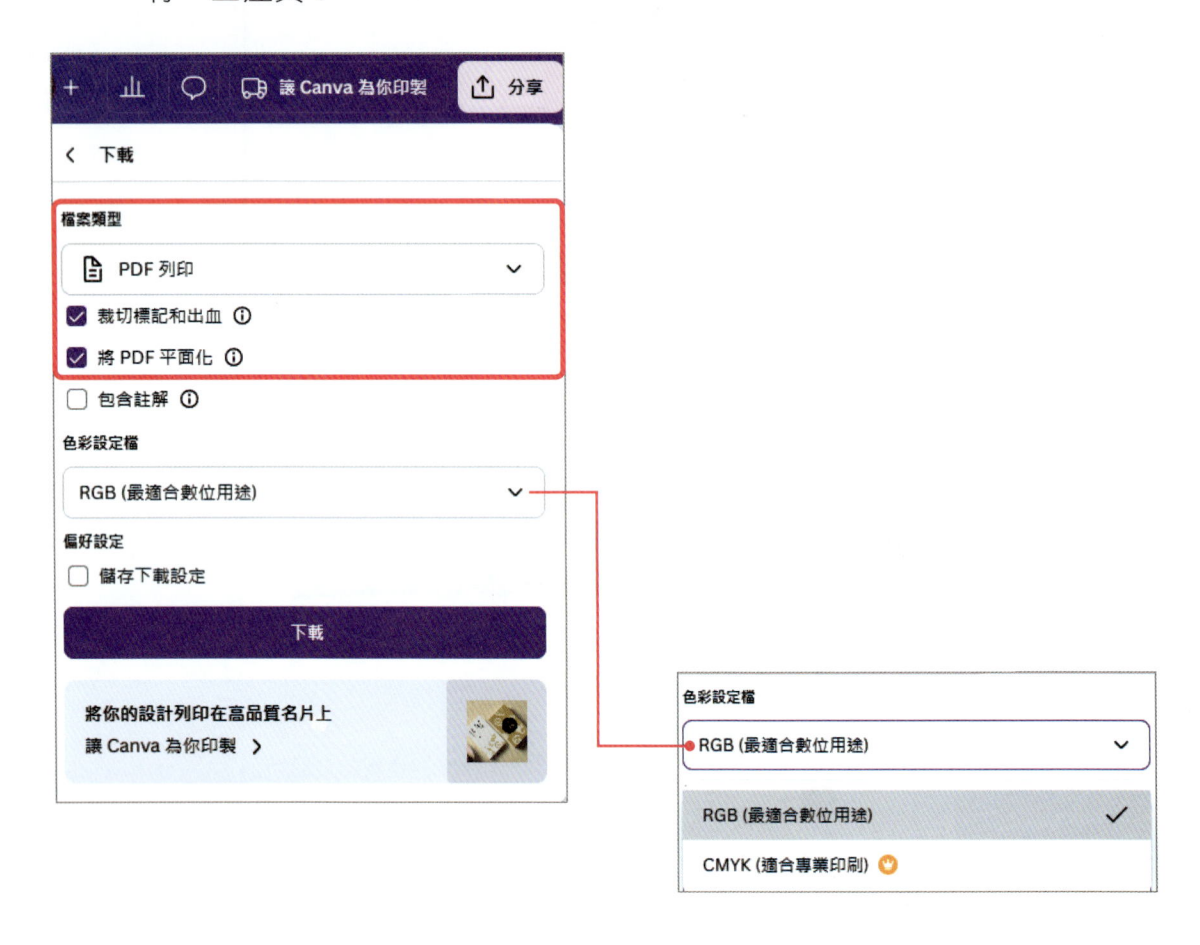

> **注意** 目前 Canva 免費版無法設定「CMKY（適合專業印刷）」，只能設定 RGB 色彩模式，這可能會造成印刷出來的名片顏色和在電腦上顯示會有一些差異！

> **Tips**
>
> **Canva 的色彩設定檔 RGB（最適合數位用途）及 CMYK（適合專業印刷）的差異**
>
> 在 Canva 中下載檔案為「PDF 列印」時，提供兩種色彩設定檔：RGB（最適合數位用途）及 CMYK（適合專業印刷）。這兩種模式的設計用途與色彩表現方式各有不同，根據應用需求選擇適合的模式，可以確保最終作品的質量與效果。
>
> RGB 色彩模式是基於紅色、綠色與藍色三種光的加法混合原理，主要用於螢幕顯示，如電腦、手機和網頁設計等數位用途。由於 RGB 的色域範圍較廣，能呈現更鮮豔、明亮的色彩效果，因此非常適合需要吸引眼球的數位媒體設計。然而，RGB 模式並非專為印刷而設計，若直接將其用於印刷，可能會因色彩轉換而產生偏差，導致成品的顏色與螢幕預覽不符。
>
> CMYK 色彩模式則是以青色、洋紅、黃色和黑色四種印刷墨水為基礎，專為印刷用途設計。這種模式的色域雖然不如 RGB 寬廣，但能準確模擬印刷設備的色彩表現，因此更適合實體印刷用途，例如名片、海報和產品包裝。透過 CMYK 模式下載的檔案，可以大幅減少色彩偏差，確保成品的色彩與設計預覽一致。然而，由於其色彩範圍較窄，一些 RGB 中的鮮豔色彩無法在 CMYK 中完整呈現，成品可能會顯得稍微不如數位預覽那般鮮豔。
>
> 總結來說，RGB 適合數位用途，具有廣泛的色彩表現能力，而 CMYK 則專為印刷設計，能精準呈現印刷品的實際效果。根據設計作品的應用需求，選擇適合的色彩設定檔是創作成功的關鍵。

接著開啟下載的 PDF 名片檔案後,可以看到出血線,就能將這個名片檔案拿去送印了。

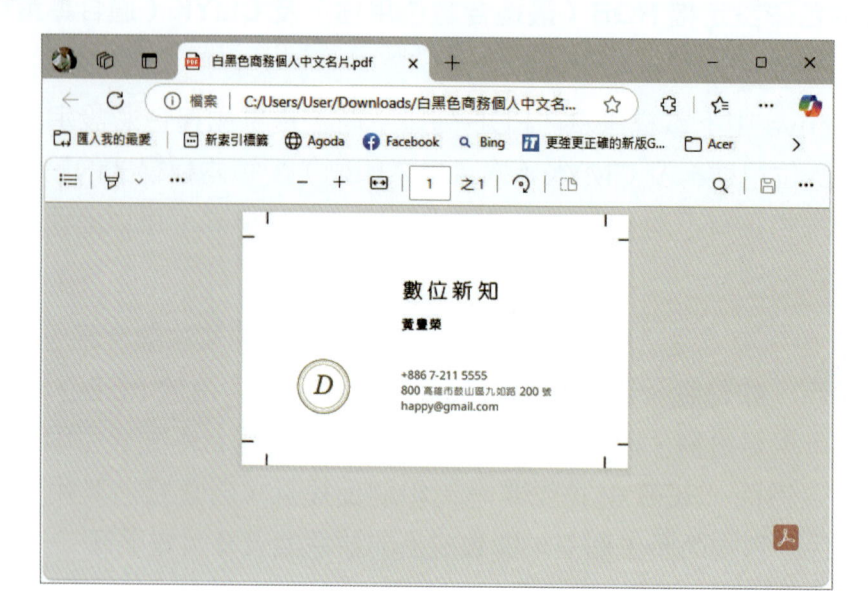

6-3 主題名稱:一頁式多連結網頁

在現代數位世界中,一頁式多連結網頁成為展現個人形象或推廣業務的理想方式。Canva 提供了一項實用的「Link in Bio(多連結網頁)」功能,是打造多功能連結頁面的強大工具。這項功能特別適合放置於社交媒體的個人簡介中,透過一個簡潔且視覺吸引力強的頁面,整合並展示你的多個重要連結,例如個人網站、社群平台、最新作品、產品頁面等。

使用 Canva 的設計範本,你可以快速開始創作,並根據你的品牌需求進行個性化調整,包括修改品牌色彩、字體風格,甚至加入圖片、圖示和社群媒體的標誌,讓整體視覺更具吸引力。同時,Canva 還內建 URL 縮短功能,讓生成的連結更精鍊、便於分享。

這項工具不僅讓你的粉絲能夠快速找到更多資訊,還能有效提升流量與互動率。無論你是個人品牌經營者、初創企業家,還是規模較大的商業機構,Canva 的「Link in Bio」功能都能助你展示專業形象,吸引更多目光,並有效擴展你的影響力。接著就來示範如何在 Canva 建立一個多功能連結頁面。

6-3-1 搜尋範本

首先在主頁面側邊欄點選「範本」,並輸入關鍵字「linktree」,搜尋符合關鍵字的範本。

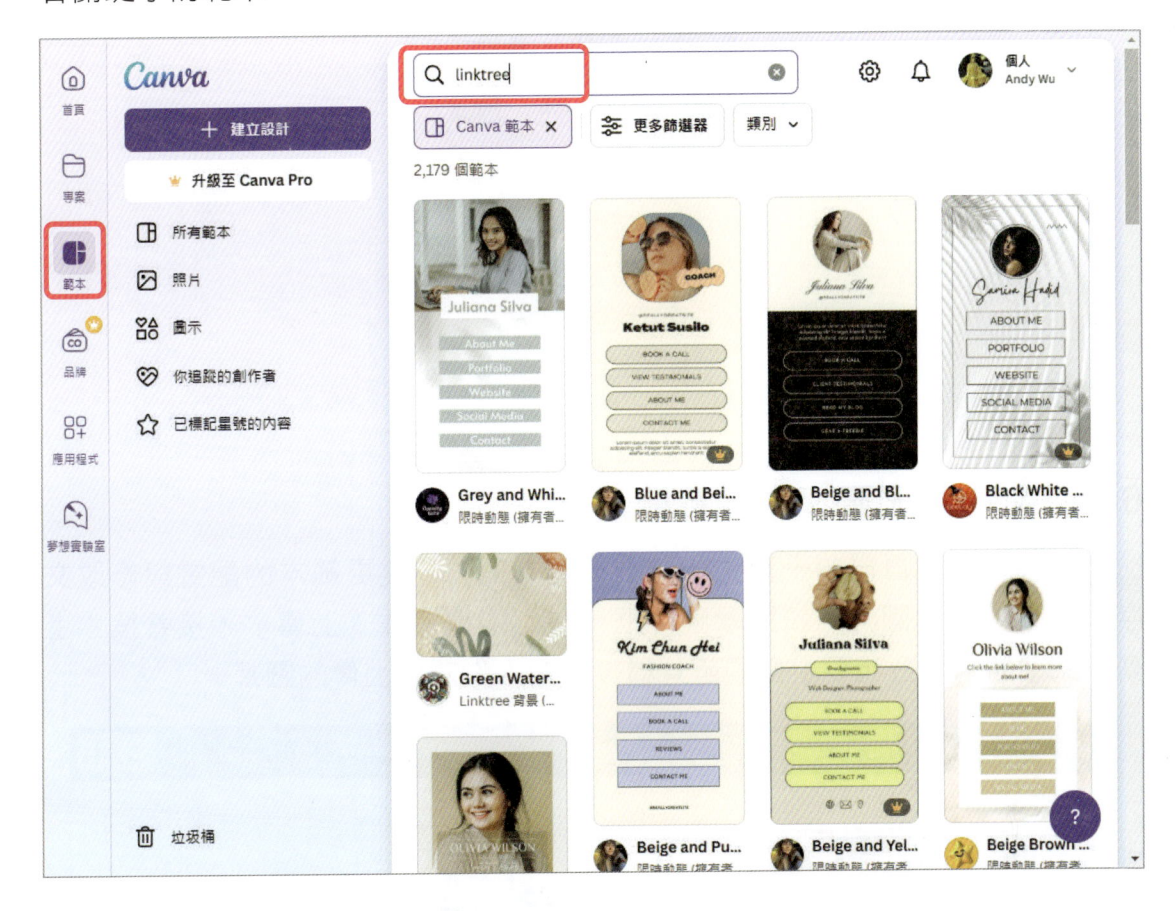

找到自己喜歡風格的範本後,點選該範本,會出現下圖視窗:

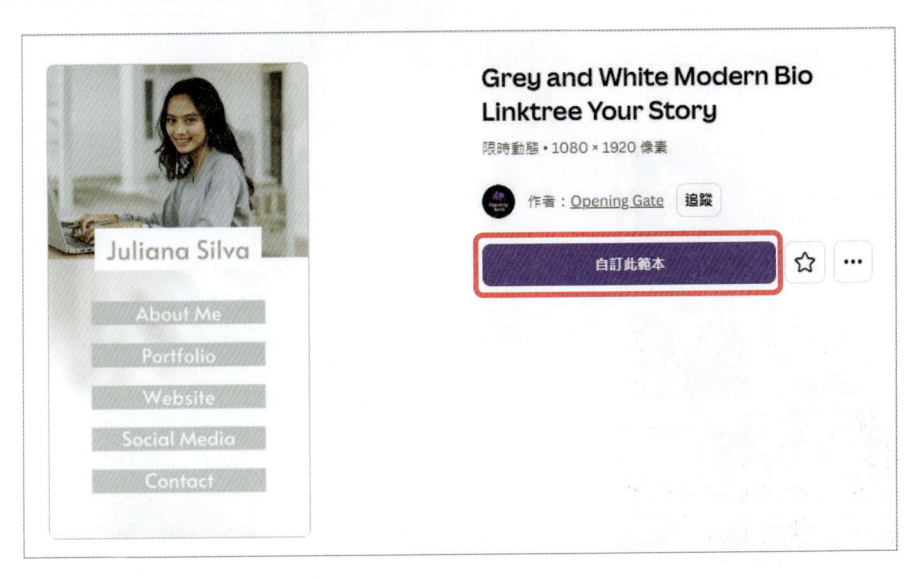

接著按「自訂此範本」就可以在 Canva 新增這個設計頁面，如下圖所示：

6-3-2　變更配置、文字及圖片

各位可以依自己的一頁式多連結網頁的需求，變更範本的配置與修改文字，如果要變更圖片，請點擊圖片框，在側邊欄選擇「上傳」，接著按「上傳檔案」鈕，開啟想要上傳的照片檔，以加入你想要上傳的圖片。

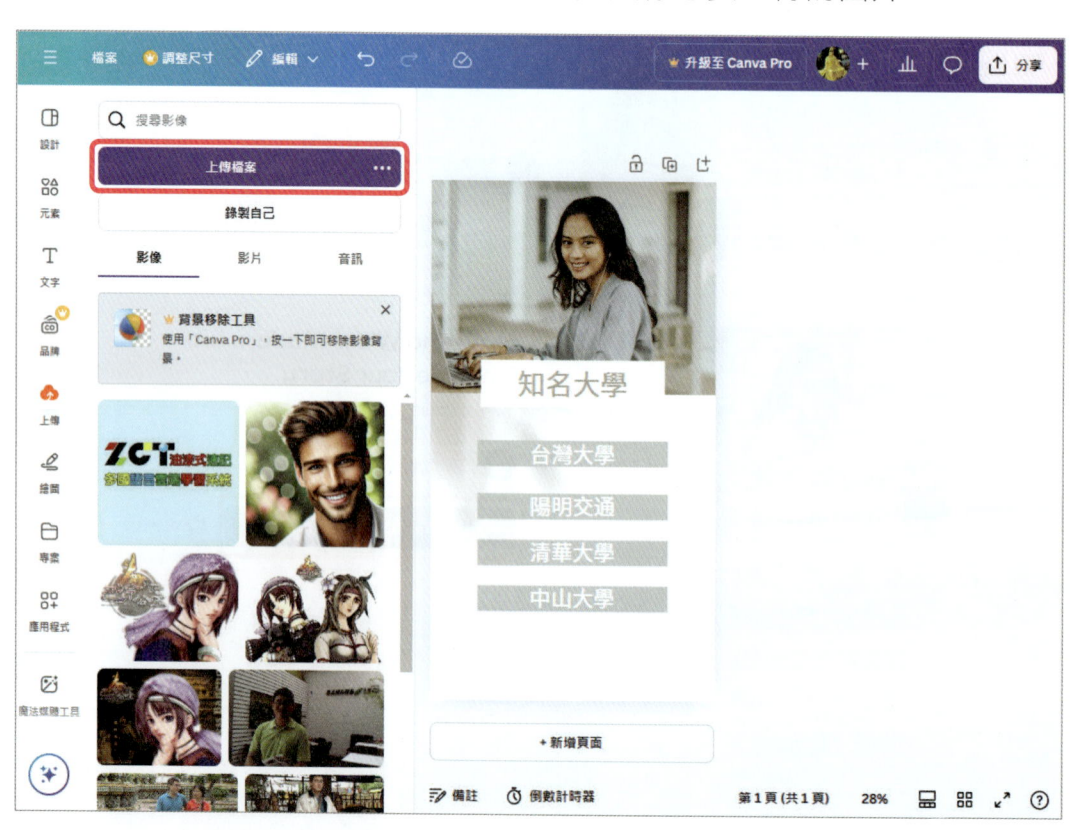

下圖已新增了剛才上傳的圖片，只要直接拖曳到要取代的圖片上，就可以將原先範本的圖片給取代掉。

1 點選剛才上傳的圖片

2 直接拖曳到要取代的圖片上，就可以將原先範本的圖片給取代掉

下圖就是筆者變更配置、修改文字及替換圖片的多連結網頁的外觀，但目前還沒有為各按鈕加入要連結，接下來的工作就是為各按鈕加入連結網址。

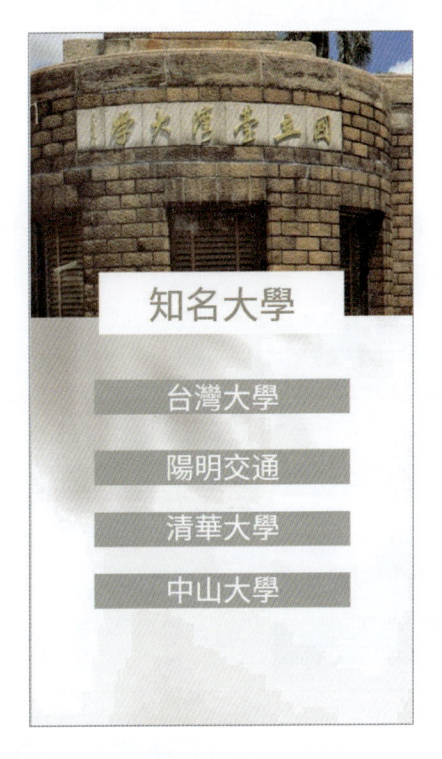

6-3-3 加入各按鈕的連結網址

首先請按右鍵點擊要加入連結的按鈕,接著於產生的快顯功能表,執行「連結」指令,如下圖所示:

會出現下圖設定視窗,請輸入想要連結到的網址,確定無誤後,再按「完成」鈕。

請按照上述操作過程同樣的作法,分別依序為其他按鈕加入要連結的網址。

6-3-4 發佈網站

接著就可以將這份 Canva 設計發佈成網站，首先請按下「分享」鈕，接著按「查看全部」鈕。

會出現下圖視窗，請接著點選「網站」圖示：

並輸入網站 URL，因為 Canva 會提供主網域和頂級域名，使用免費版本的使用者只能自訂子網域，例如此處筆者輸入子網域名稱為「txw5558」。另外，在「發佈設定」裡，還可以輸入網站簡介說明，而輸入的簡介文字會顯示在瀏覽器的分標題上手。一切資料設定完畢後，就可以按下「發佈網站」鈕。

當發佈工作完成之後，會出現下圖視窗，顯示所發佈的網站網址，按下「複製」鈕，就可以將這個連結（https://txw5558.my.canva.site/）分享到 LINE、IG、臉書等社群平台。各位也可以按「檢視網站」鈕，來開啟這個一頁式多連結網站。

下列是筆者將網址先分享到 LINE 群組,再以 iPhone 手機開啟這個一頁式多連結網頁及點選按鈕的實測結果:

在 iPhone 手機觸控「台灣大學」按鈕,會開啟下圖「台灣大學」的入口網頁:

Chapter 6　課後習題

實作題

1. 請參考本章「主題名稱：履歷表設計」練習設計一個屬於自己的履歷表。

2. 請參考本章「主題名稱：名片製作」練習設計一個屬於自己的名片。

3. 請參考本章「主題名稱：一頁式多連結網頁」練習找一個感興趣的主題實作一頁式多連結網頁。

7 Chapter

隱藏版酷炫的實用 AI 功能

7-1 AI 寫作

7-2 AI 繪圖

7-3 AI 影像技術

7-4 AI 影片

7-5 文字轉語音 AI 工具

　　AI 技術的進步為設計世界帶來了前所未有的可能性。Canva 整合了多種 AI 功能，從文字生成到影像處理，為你的設計創造更多價值。本章將帶你一探這些酷炫功能的應用。

7-1　AI 寫作

AI 寫作工具已成為現代創作的利器，不僅能快速生成高品質文案，還能幫助設計者節省時間、提升效率。在 Canva 中，內建的 AI 寫作功能結合強大的設計工具，讓你能更輕鬆地完成從創意發想到文字生成。

7-1-1　魔法文案工具

魔法文案工具是 Canva 提供的一項強大 AI 功能，只需輸入簡單指令，即可生成多樣化的文案，無論是行銷標語、產品描述還是創意故事，都能快速完成。各位可以在文件上方的工具列找到「魔法文案工具」，按下該鈕就可以開始使用。

除了上面的方式外，各位也可以在文字列左側點擊「+」符號或是輸入「/」啟動快速動作功能選單，都可以看到「魔法文案工具」。

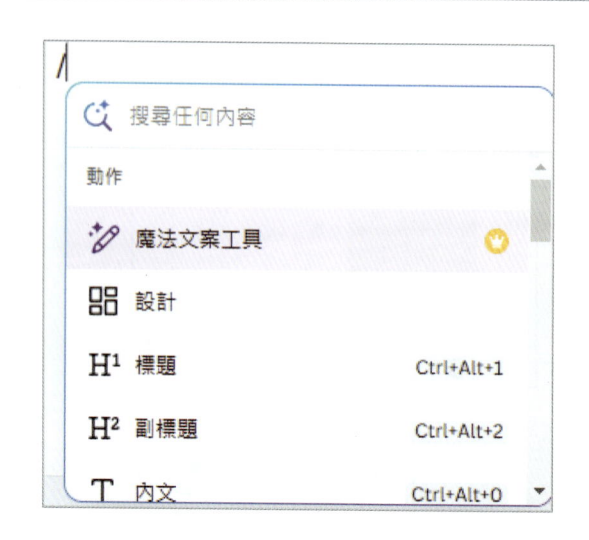

7-1-2　AI 寫作實例操作示範

本小節將透過實例，帶你一步步使用 Canva 的 AI 寫作功能。請按下工具列的「魔法文案工具」，就會看到「魔法文案工具」提示區方塊。

接著輸入提示詞，例如：「請幫忙規劃高雄一日遊的行程」。

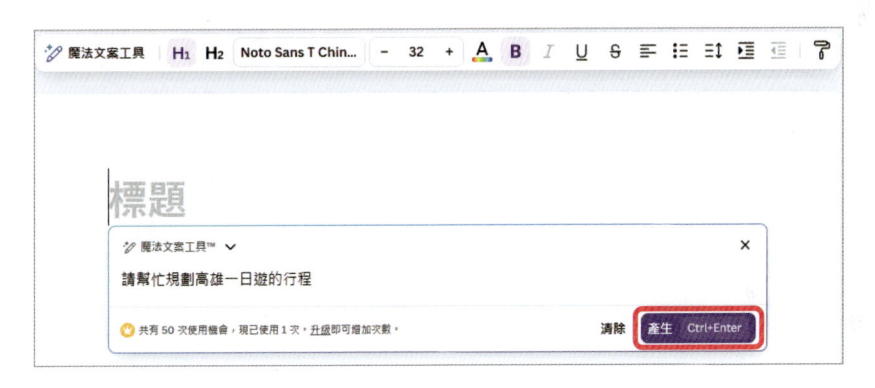

再按下「產生」鈕，就會產生文案，如下圖所示。

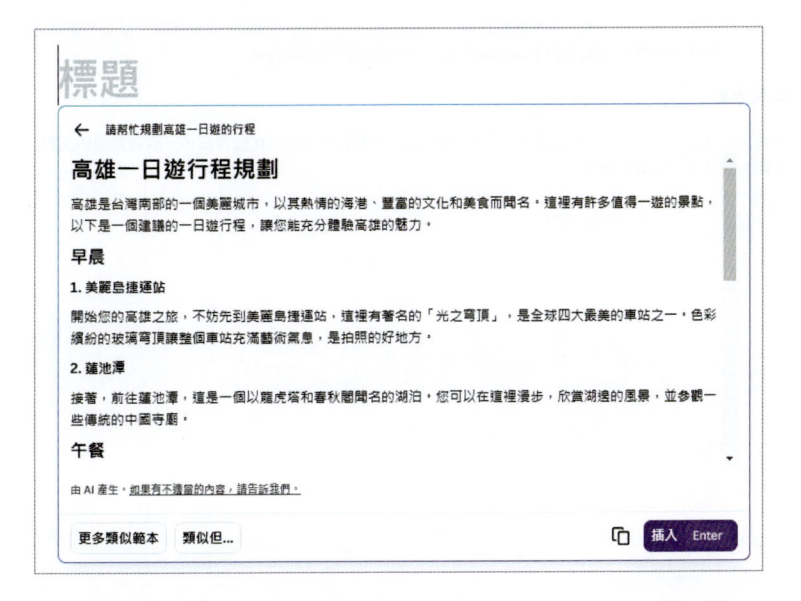

隱藏版酷炫的實用 AI 功能

> **Tips**
>
> 請注意，如果等候時間過久，有可能 Canva 伺服端發生技術問題，遇到這種情況時，就必須等待一些時間再來試看看。

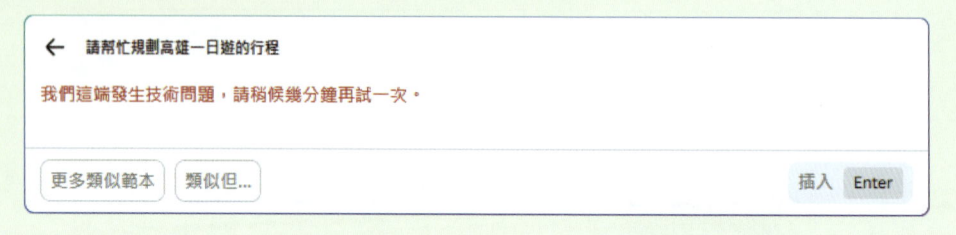

直接按下「插入」鈕就可以將生成的文案插入到 Canva 的文件中。

高雄一日遊行程規劃

高雄是台灣南部的一個美麗城市，以其熱情的海港、豐富的文化和美食而聞名。這裡有許多值得一遊的景點，以下是一個建議的一日遊行程，讓您能充分體驗高雄的魅力。

⊕ 早晨

1. 美麗島捷運站

開始您的高雄之旅，不妨先到美麗島捷運站，這裡有著名的「光之穹頂」，是全球四大最美的車站之一。色彩繽紛的玻璃穹頂讓整個車站充滿藝術氣息，是拍照的好地方。

2. 蓮池潭

接著，前往蓮池潭，這是一個以龍虎塔和春秋閣聞名的湖泊。您可以在這裡漫步，欣賞湖邊的風景，並參觀一些傳統的中國寺廟。

如果想修改產生的文案，請選取文案的範圍，再按下工具列的「魔法文案工具」，會出現文字調整的功能表單，如下圖所示：

Canva 的魔法文案工具提供多樣化功能，幫助使用者快速改寫、優化並量身定製文字內容，提升創作效率與品質。以下是功能簡介：

❶ **繼續書寫**：自動補全文字或延續敘述，適合需要靈感或擴充文案的場景，讓文字銜接更自然流暢。

❷ **縮短**：將長段落濃縮為精簡有力的短句，特別適用於字數有限的社交媒體貼文或公告。

❸ **重寫**：重組並重新表達文字，保持原意同時增加多樣性，避免重複並提升吸引力。

❹ **更風趣一點**：將文字改寫得更加輕鬆有趣，適合娛樂性文案或社群互動，增加趣味性和吸引力。

❺ **更正式一點**：將文字調整得更專業、莊重，適用於商業報告或正式溝通場合，滿足專業需求。

❻ **施展創意魔法**：增加創意與想像力，使文字更生動，引人注目，適合吸引注意力的創意文案。

❼ **變更口吻**：改變文字語氣與風格，根據受眾需求選擇更活潑或更嚴肅的表達，提升文字適合度。

⑧ **修正拼字**：自動檢查並修正拼寫錯誤，確保文案專業、準確，適合需公開發佈的內容。

⑨ **自訂提示**：根據具體需求提供修改方向，讓 AI 精確優化文案，實現更靈活的內容調整。

7-1-3　AI 文字翻譯（付費版功能）

在全球化的設計需求中，跨語言的溝通已成為常態。Canva 的 AI 文字翻譯功能讓你輕鬆將文案翻譯為多種語言，適用於國際市場的文案創作，不過要使用這項強大的翻譯功能，則必須付費升級成 Canva Pro 版本。

Canva 的翻譯功能可以設定「譯文語言」及「語氣」，不過，這項要使用翻譯功能必須升級成付費版才可以。

7-2　AI 繪圖

AI 繪圖技術正逐步改變創作的方式，讓設計者能以最快速的方式實現自己的創意。在 Canva 中，AI 繪圖工具能根據你的文字描述生成獨一無二的藝術作品，從插畫到背景設計，應用範圍廣泛且靈活。

7-2-1　AI 繪圖實例─文字轉圖像（Text to Image）

Canva 的文字轉圖像功能讓使用者能夠輸入文字描述，並自動生成相應的圖像。這對於需要快速製作圖片的人來說非常有用，例如創作社交媒體貼文、部落格插圖或宣傳素材等。下例筆者新增加一個「照片拼貼（直式）」的設計範本。

接著從左側窗格中挑選一個喜愛的範本。

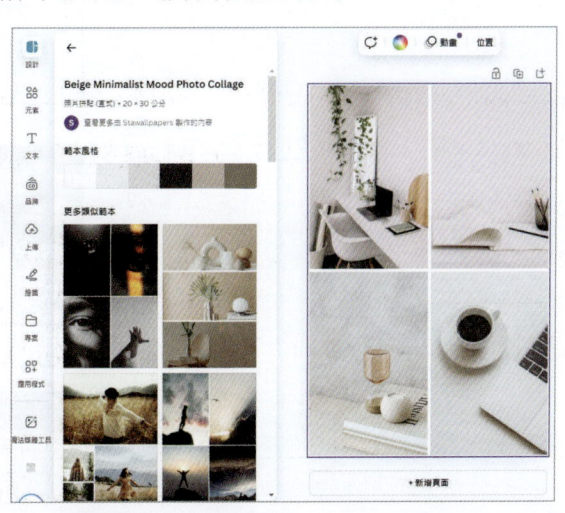

然後從側邊欄選按「應用程式」，並切換到「發掘」標籤，再採用其中的「魔法媒體工具」。

接著於「影像」標籤輸入提示詞，例如本例輸入的提示詞是：

『一片寧靜的湖泊，周圍環繞著茂密的松樹森林，遠處的山脈覆蓋著皚皚白雪，晨光透過雲層灑下金黃色光芒，湖面倒映著天空的景色，增加了一絲神秘感。』

接著按「產生影像」鈕就會一次產生四張圖片，如果不滿意產生的影像，可以再按一次下方的「再產生一次」鈕，如右圖所示。

確認喜歡的圖片後，就可以按任意一個縮圖，將影像加入自己的設計專案作品中。

生成圖像後，適當的調整和優化能讓作品更加符合需求。在 Canva 中，你可以對 AI 生成的圖像進行進一步編輯，如修改大小、調整色彩或疊加特效。

7-3　AI 影像技術

在 Canva 中，AI 影像功能涵蓋了「背景移除工具」、「魔法橡皮擦」、「魔法編輯工具」、「魔法展開」等強大工具，能快速解決影像處理中的繁瑣問題。

7-3-1　背景移除工具（付費版功能）

背景是設計中常需要處理的部分，而 Canva 的「背景移除工具」能快速移除影像背景，為你節省大量時間。要使用「背景移除工具」的功能，要先選取要去背的圖片，再按「背景移除工具」鈕，就可以獲得透明背景的影像，無需任何專業技術即可完成，不過要使用這項功能也必須付費升級。

下列二圖示範圖片去背前及去背後的差別：

去背前 　　　　　　　　　　　　去背後

當圖像去背後，再按一次「背景移除工具」鈕還可以進行更進階的設定。

7-3-2　實用的影像編輯工具（付費版功能）

除了上述的背景移除工具，點選圖片後還有一些實用的付費編輯功能，還包括：「魔法橡皮擦」、「魔法編輯工具」、「魔法展開」等，這些功能簡介如下：

⭐ 魔法橡皮擦

魔法橡皮擦讓使用者輕鬆移除圖片中的不需要部分，適合清理背景雜物或修正小瑕疵。只需在圖片上劃過要移除的區域，工具便能智能識別並自動清除，讓背景乾淨、重點突顯。

⭐ 魔法編輯工具

魔法編輯工具提供自動調整顏色、亮度、對比度等功能，讓圖片更生動專業。使用者也能加入濾鏡、調整尺寸、應用特效，輕鬆完成高品質圖像創作，無需專業知識。

⭐ 魔法展開

魔法展開能延展圖片中的某部分，創造連續背景或擴充邊緣，適合設計海報、橫幅等大幅圖像。工具會自動生成連貫延伸部分，保持原圖風格一致，使設計更完整。

7-4　AI 影片

影片製作往往被認為是複雜而耗時的工作，但 AI 技術的加入讓這一切變得更為簡單。Canva 的 AI 影片工具提供了一系列智慧剪輯功能，包括自動生成影片、動畫特效、節拍同步和背景移除等，幫助你快速完成專業級影片製作，適用於各種創意場景。

7-4-1　魔法媒體工具：AI 生成影片

想快速製作一段專業影片？Canva 的魔法媒體工具能根據你的素材與指令，自動生成影片，適合用於簡報、行銷內容及社群分享。其中的「文字轉影片」功能則可以根據使用者輸入的文字自動生成影片內容。這項功能透過 AI 自動配對合適的圖像、動畫和音效，生成一段與文字描述相符的影片。這對於創作簡報影片、產品展示和社交媒體影片等非常實用，幫助使用者在短時間內建立引人注目的影片內容。

要使用文字轉影片（Text to Video）這項 AI 工具，請在側邊欄選按「應用程式」，並切換到「發掘」標籤，再採用其中的「魔法媒體工具」。

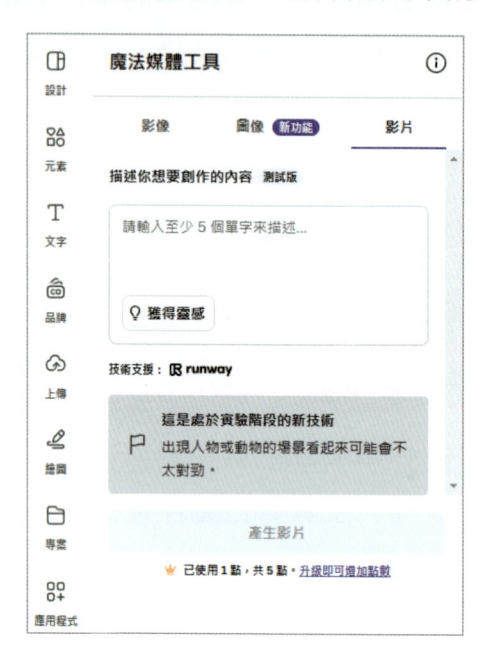

接著於「影片」標籤輸入提示詞，例如本例輸入的提示詞是：

『*一個年輕的冒險者在奇幻世界中展開旅程，影片開場是一片金色的荒原，背景是巨大的兩輪夕陽。隨著劇情推進，冒險者穿越古老的遺跡、對抗魔法生物，最終在滿月的夜晚與一條巨龍決戰。*』

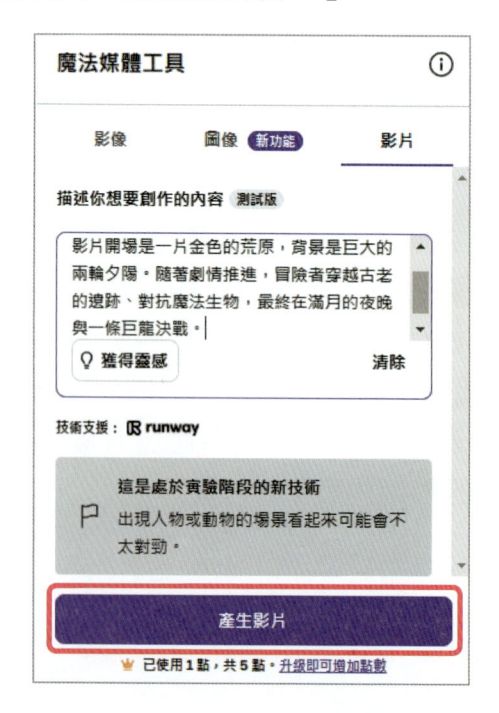

接著按「產生影片」鈕就會產生影片，如果不滿意產生的影像，可以再按一次下方的「再產生一次」鈕，如下圖所示：

確認喜歡的影片後，就可以點選該影片加入自己的專案作品中。如下圖所示：

7-4-2 魔法動畫工具（付費版功能）

動畫是讓影片更具吸引力的關鍵元素。Canva 的「魔法動畫工具」讓使用者能輕鬆為設計加入動態效果，包括自訂動畫、時間軸控制和預設動畫樣式等功能，使圖片、文字和元素更加生動。此外，你可以即時預覽動畫效果，並將最終設計導出為影片或 GIF 格式，方便分享和應用。

不過「魔法動畫工具」這項功能也是必須升級成付費版才可以使用。其操作方式也相當簡單，只要先在專案中點擊頁面，再選擇「動畫」鈕，並在產生的窗框中選擇「魔法動畫工具」，就可以選擇多種動畫效果。

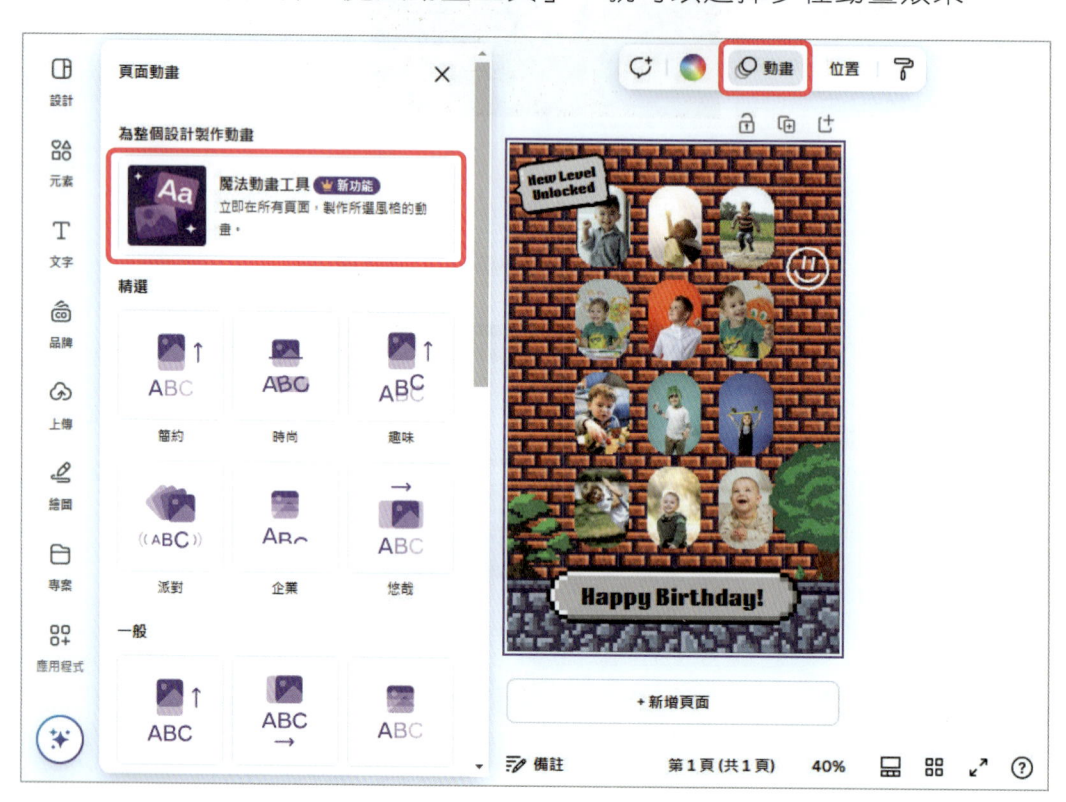

7-5 文字轉語音 AI 工具

文字轉語音（Text-to-Speech, TTS）技術為多媒體創作提供了極大的便利，讓靜態的文字內容能以自然流暢的語音呈現，適合用於影片配音、語音導覽、電子學習等場景。本小節將以 Murf AI 為例，探索如何高效地將文字轉化為專業級語音，提升你的內容品質與多樣性。

7-5-1　Murf AI

　　這是一款基於人工智慧的文字轉語音平台，提供超過 120 種 AI 聲音，涵蓋 20 多種語言和口音。使用者可以輸入文字，選擇適合的聲音，並調整音調、速度等參數，生成自然且專業的配音。Murf AI 適用於電子學習、部落格、影片、廣告、有聲書等多種應用場景。本小節將提供實際操作示範，幫助你輕鬆建立專業語音。

　　首先請開啟專案，並於側邊欄選擇「應用程式」。接著搜尋「Murf AI」：

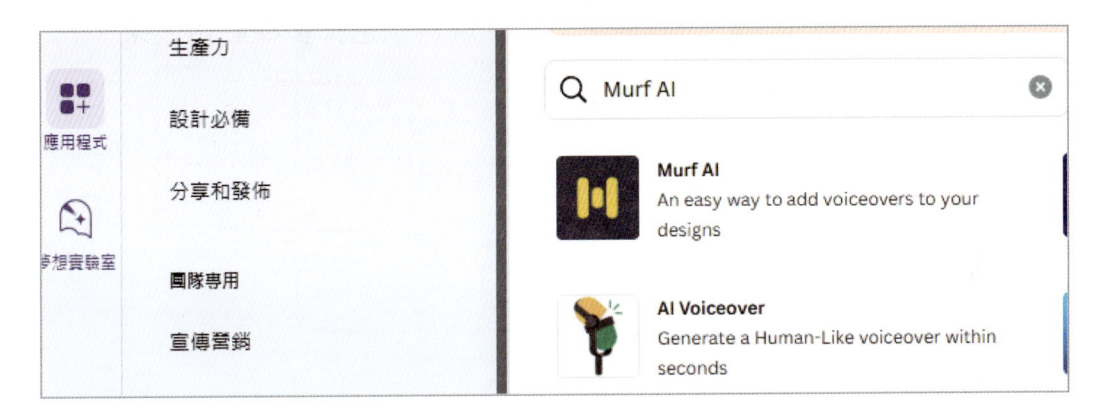

　　找到後，點選該「Murf AI」圖示，會出現下圖視窗。此處筆者示範「應用於現有設計」。

找到你要應用的專案：

選擇要建立的工作區：

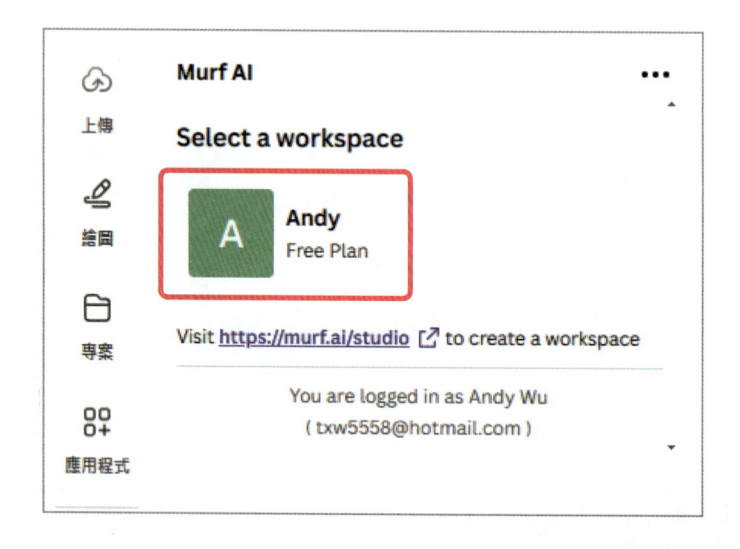

接著於下圖視窗選擇語言、合適的聲音、輸入旁白、選擇速度及語調，完成後就可以試聽，不過，有些語系的聲音都是必須付費版才可以使用。此處輸入的主字如下：

In the digital age, the importance of visual design is self-evident. Whether it is social media, workplace documents, or academic presentations, eye-catching and creative design can often be the key to successfully conveying messages. However, for many people, the operation of design software may seem complicated and the barriers to entry are high, holding them back.

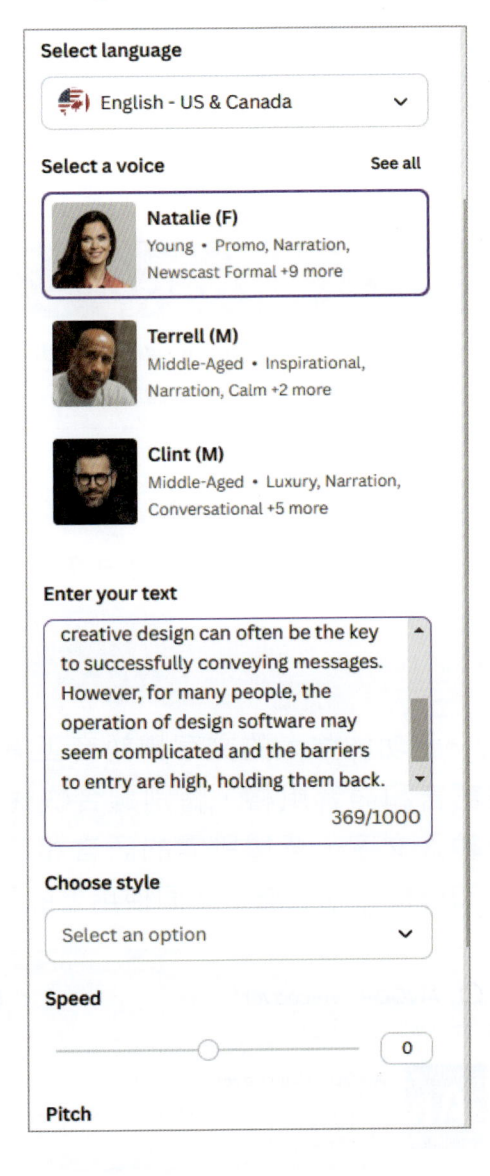

接著按下「Pitch」設定下方的「Preview voiceover」鈕就可以進行轉口音的工作。

轉換完成後就可以按「Play」鈕來聆聽。不過要將這個口語加入到你的設計作品中，必須先升級成付費版。

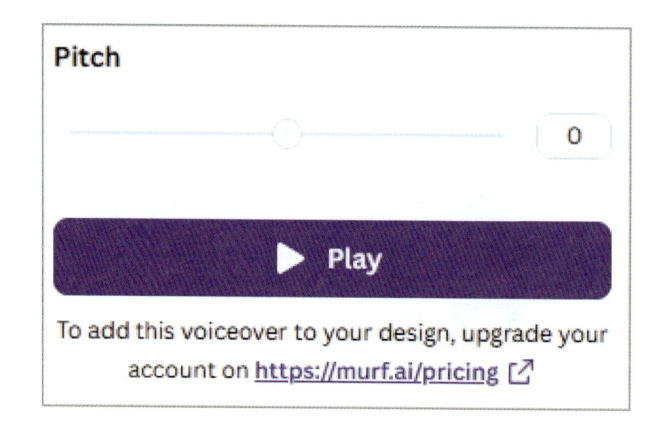

7-5-2 其他實用的文字轉語音工具

除了 Murf AI，Canva 還提供其他文字轉語音的應用程式，以下是其中幾個實用工具的簡介：

⭐ AiVOOV

AiVOOV 是另一款功能強大的文字轉語音工具，具有簡潔直觀的操作介面，支援多種語言和語音風格，特別適合快速製作簡報配音和廣告旁白。使用者可以輸入文字，選擇所需的語言和聲音，生成語音文件。AiVOOV 提供免費和付費版本，滿足不同使用者的需求。

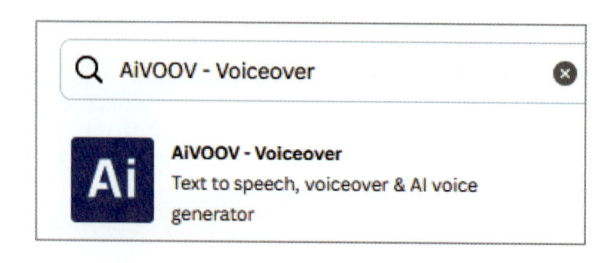

✪ D-ID AI Presenters

　　需額外註冊的應用程式，提供 AI 驅動的虛擬主持人服務，可將文字轉換為語音並呈現在視覺內容中。

✪ Text to Speech

　　同樣需要註冊，提供多種語言和聲音選擇的文字轉語音服務，適用於各類型的設計專案。

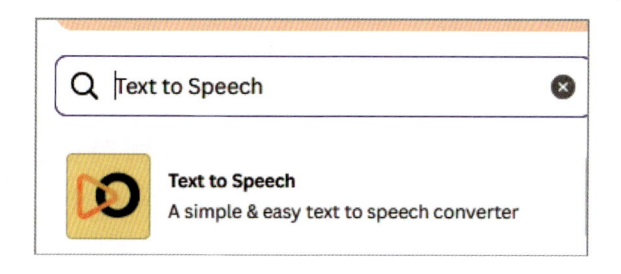

✪ Multilingual

　　提供有限的免費額度，超過部分需付費，支援多種語言的文字轉語音功能，適合需要多語言支援的使用者。

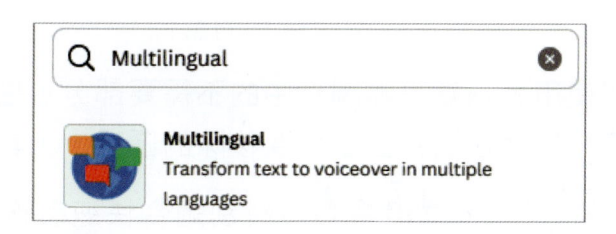

✪ Voiceover

　　免費額度有限，超過部分需付費，提供多樣化的聲音選擇，可為設計加入專業的旁白效果。

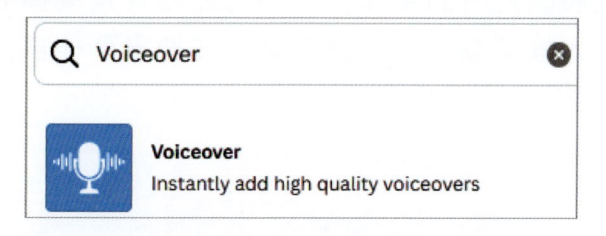

Chapter 7　重點整理

1. 魔法文案工具是 Canva 提供的一項強大 AI 功能，只需輸入簡單指令，即可生成多樣化的文案，無論是行銷標語、產品描述還是創意故事，都能快速完成。

2. 找到魔法文案工具的兩種方式：直接於文件上方的工具列找到「魔法文案工具」，也可以直接在文字列左側點擊「+」符號或是輸入「/」啟動快速動作功能選單，這兩種方式都可以看到「魔法文案工具」。

3. 如果想修改產生的文案，還可以在文件中先選取文案的範圍，再按下上方工具列的「魔法文案工具」，會出現許多文字調整選項的功能表單。

4. 魔法文案工具的文字調整選項的功能表單有：繼續書寫、縮短、重寫、更風趣一點、更正式一點、施展創意魔法、變更口吻、修正拼字、自訂提示。

5. Canva 的 AI 文字翻譯功能讓你輕鬆將文案翻譯為多種語言，適用於國際市場的文案創作，不過要使用這項強大的翻譯功能，則必須付費升級成 Canva Pro 版本。

6. Canva 的文字轉圖像功能讓使用者能夠輸入文字描述，並自動生成相應的圖像。

7. 要使用一鍵去背的功能，只要先選取要去背的圖片，再按「背景移除工具」鈕，就可以讓你輕鬆獲得透明背景的影像。

8. 魔法橡皮擦讓使用者輕鬆移除圖片中的不需要部分，適合清理背景雜物或修正小瑕疵。只需在圖片上劃過要移除的區域，工具便能智能識別並自動清除，讓背景乾淨、重點突顯。

9. 魔法編輯工具提供自動調整顏色、亮度、對比度等功能，讓圖片更生動專業。使用者也能加入濾鏡、調整尺寸、應用特效，輕鬆完成高品質圖像創作。

10. 魔法展開能延展圖片中的某部分，創造連續背景或擴展邊緣，適合設計海報、橫幅等大幅圖像。工具會自動生成連貫延伸部分，保持原圖風格一致，使設計更完整。

11. 要使用文字轉影片（Text to Video）這項 AI 工具，首先請開啟側邊欄選按「應用程式」，並切換到「發掘」標籤，再採用其中的「魔法媒體工具」。

12. Canva 的「魔法動畫工具」讓使用者能輕鬆為設計加入動態效果，包括自動動畫、時間軸控制和預設動畫樣式等功能，使圖片、文字和元素更加生動。

13. 「魔法動畫工具」這項功能也是必須升級成付費版才可以使用。其操作方式也相當簡單，只要先在專案中點擊頁面，再選擇「動畫」鈕，並在所產生窗框中選擇「魔法動畫工具」即可讓各位選擇多種動畫效果。

14. Murf AI 是一款基於人工智慧的文字轉語音平台，提供超過 120 種 AI 聲音，涵蓋 20 多種語言和口音。使用者可以輸入文字，選擇適合的聲音，並調整音調、速度等參數，生成自然且專業的配音。

15. AiVOOV 是另一款功能強大的文字轉語音工具，具有簡潔直觀的操作介面，支援多種語言和語音風格，特別適合快速製作簡報配音和廣告旁白。這是一個線上文字轉語音工具，支援多種語言和聲音選擇。使用者可以輸入文字，選擇所需的語言和聲音，生成語音文件。

16. D-ID AI Presenters 需額外註冊的應用程式，提供 AI 驅動的虛擬主持人服務，可將文字轉換為語音並呈現在視覺內容中。

17. Text to Speech 同樣需要註冊，提供多種語言和聲音選擇的文字轉語音服務，適用於各類型的設計專案。

18. Multilingual 提供有限的免費額度，超過部分需付費，支援多種語言的文字轉語音功能，適合需要多語言支援的使用者。

19. Voiceover 免費額度有限，超過部分需付費，提供多樣化的聲音選擇，可為設計加入專業的旁白效果。

Chapter 7　課後習題

選擇題

_____ 1. 下列何者不是 Canva 所提供的 AI 功能？
(A) AI 寫作
(B) AI 繪圖
(C) AI 影片
(D) AI 語音轉文字

_____ 2. 下列何者不是魔法文案工具的編輯功能？
(A) 縮短
(B) 變更口吻
(C) 加入圖片情境
(D) 繼續書寫

_____ 3. Canva 提供的一項強大 AI 功能，只需輸入簡單指令，即可生成多樣化的文案，請問這項工具的名稱為何？
(A) 魔法 AI 寫作
(B) 魔法文案工具
(C) 魔法 AI 文章
(D) 文案創意生成

_____ 4. 下列何者描述不正確？
(A) 翻譯功能可以設定譯文語言及語氣
(B) 在文字列左側點擊「+」符號或是輸入「/」啟動快速動作功能選單，這兩種方式都可以看到「魔法文案工具」
(C) 想修改產生的文案，可以在文件中先選取文案的範圍，再按下工具列的「魔法文案工具」
(D) Canva 免費版也提供 AI 文字翻譯功能

_____ 5. 下列何者不是 Canva 所提供的 AI 影像技術？
(A) 魔法橡皮擦
(B) 魔法展開
(C) 魔法華麗變身
(D) 背景移除工具

_____ 6. 下列何者不是在 Canva 中所提供的文字轉語音工具應用程式？
(A) AiVOOV
(B) Murf AI
(C) Midjourney
(D) D-ID AI Presenters

_____ 7. 下列何者不是 Canva 魔法編輯工具提供的功能？
(A) 自動調整橡皮擦
(B) 自動調整顏色
(C) 自動調整亮度
(D) 自動調整對比度

_____ 8. 在 Canva 中，要使用文字轉影片（Text to Video）這項 AI 工具，首先請開啟側邊欄選按「應用程式」，並切換到哪一個標籤？
(A) 發現
(B) 展開
(C) 發掘
(D) 文字

_____ 9. 下列何者不是 Canva 的「魔法動畫工具」的功能？
(A) 自訂動畫
(B) 時間軸控制
(C) 預設動畫樣式
(D) 動畫轉圖片

_____ 10. 下列哪一項工具提供 AI 驅動的虛擬主持人服務？
(A) Text to Speech
(B) D-ID AI Presenters
(C) AiVOOV
(D) Multilingual

問答題

1. 請簡述找到魔法文案工具的兩種方式。

2. 請舉出至少 5 個在 Canva「魔法文案工具」的文字調整選項的功能。

3. 請簡介 Canva 的 AI 文字翻譯功能。

4. 請簡介 Canva 的文字轉圖像功能。

5. 請簡介 Canva 一鍵去背這項功能的操作方式。

6. 請簡介魔法編輯工具的功能。

7. 請簡介魔法展開工具的功能。

8. 如何能使用文字轉影片（Text to Video）這項 AI 工具？

9. 如何能使用魔法動畫工具這項 AI 工具？

10. 除了 Murf AI，Canva 還提供哪些文字轉語音的應用程式，請舉出至少 3 種。

8 Chapter

不藏私 Canva 技能與工具

8-1 AI Canva 小幫手
8-2 在 Canva 設計嵌入 YouTube 影片
8-3 QR Code 產生器
8-4 Google 地圖
8-5 Canva 常見問題集

Canva 不僅僅是設計工具，還內建許多能夠提升創作效率的小功能。本章將與你分享這些實用的技能與工具，助你在各種設計挑戰中脫穎而出。

8-1　AI Canva 小幫手

在使用 Canva 進行設計時，AI Canva 小幫手功能就像一位隨時待命的私人助理，為你提供創作建議和實用的設計資源，讓你的設計過程變得更加輕鬆和高效。

8-1-1　Canva 小幫手的角色及功能

Canva 小幫手是 Canva 平台內建的 AI 輔助工具，其主要目的是幫助使用者在設計過程中提供即時的建議和支援，提升設計效率。以下是其主要功能：

⭐ **設計建議**

根據你的設計內容和風格，小幫手會提供建議，包括配色方案、字體選擇和排版建議，讓你的作品更加協調和專業。

⭐ **素材推薦**

小幫手可以根據你的需求推薦適合的素材，如圖片、插圖和圖標，幫助你快速找到所需資源，豐富你的設計內容。

⭐ **即時回答**

如果你在設計過程中遇到問題或需要靈感，可以向小幫手提問，它會根據你的問題提供相應的解答和建議。

⭐ **範本推薦**

根據你的設計需求，小幫手會推薦相關的設計範本，幫助你快速開始設計，節省時間。

8-1-2　如何透過 Canva 小幫手取得協助

這裡將透過實例來示範如何使用 Canva 小幫手來獲得協助。例如，你正在設計一張社群媒體的宣傳海報，但不確定應該選擇哪種配色方案。這時，你可以按以下操作步驟：

STEP 01 **啟動小幫手**：在 Canva 主畫面或設計頁面中，找到右側的「Canva 小幫手」按鈕，點擊啟動小幫手。

STEP 02 **提出問題**：在小幫手的對話框中，輸入你的問題，例如「哪種配色方案適合這張社交媒體海報？」。

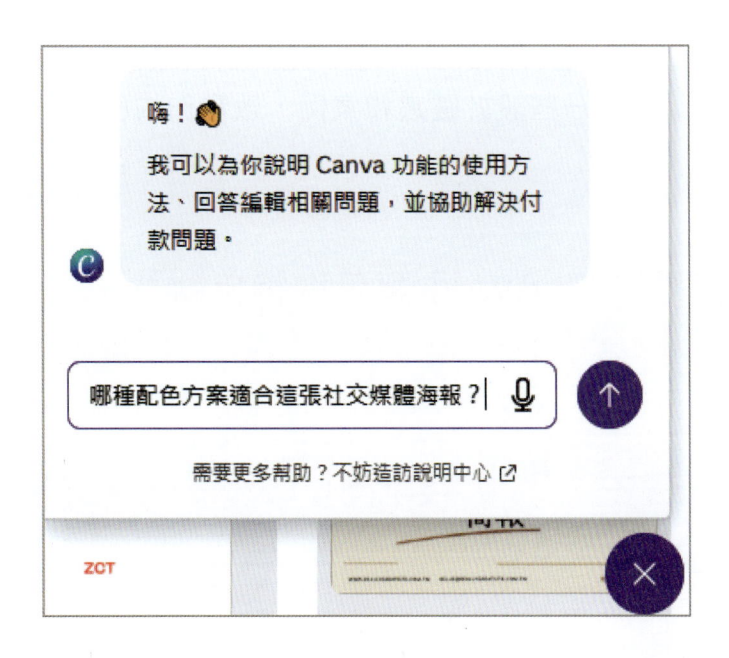

191

STEP 03　查看建議：小幫手會根據你的問題分析當前設計，並提供幾種配色方案建議。這些建議會顯示在對話框中，你可以查看詳細資訊。

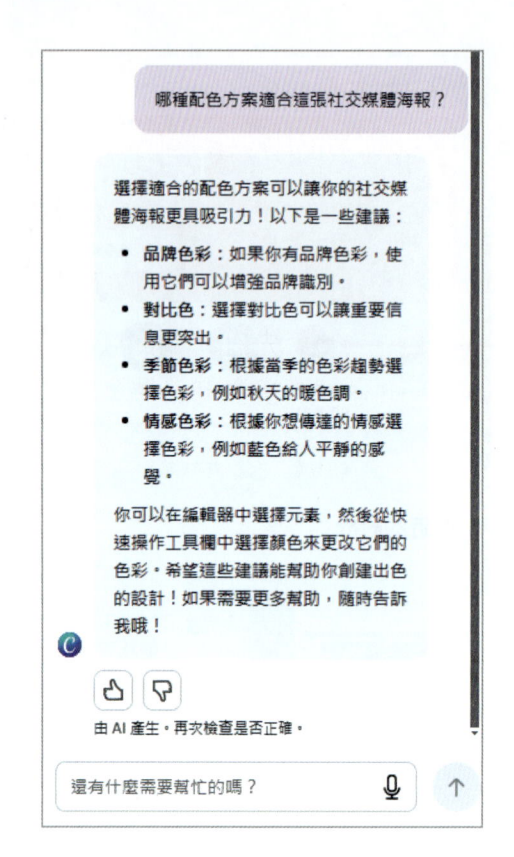

透過這個實例，可以看到 Canva 小幫手如何在設計過程中提供實用的建議和支援，幫助你快速解決設計問題，提升創作效率。另外，感到缺乏靈感？小幫手也可以分享一些設計靈感和案例，啟發你的創作思維。

8-2　在 Canva 設計嵌入 YouTube 影片

要在你的 Canva 設計作品中嵌入 YouTube 影片，首先請開啟專案，在側邊欄選「應用程式」，先在「應用程式」搜尋「YouTube」，然後點選「YouTube」會出現下視搜尋窗格。

❶ 先在「應用程式」找到「YouTube」，接著輸入要嵌入影片的關鍵字

❷ 找到影片後點選該影片，就會將該支 YouTube 影片嵌入編輯區

用滑鼠雙擊影片就可以開始播放

8-3　QR Code 產生器

　　Canva「應用程式」的 QR Code 產生器功能包括快速生成自訂 QR Code，支援 URL、聯絡資訊、Wi-Fi 登錄等各種用途。使用者可以選擇 QR Code 的顏色和樣式，並將其直接嵌入到設計中，方便進行宣傳和分享。這個工具讓設計更具互動性和實用性。

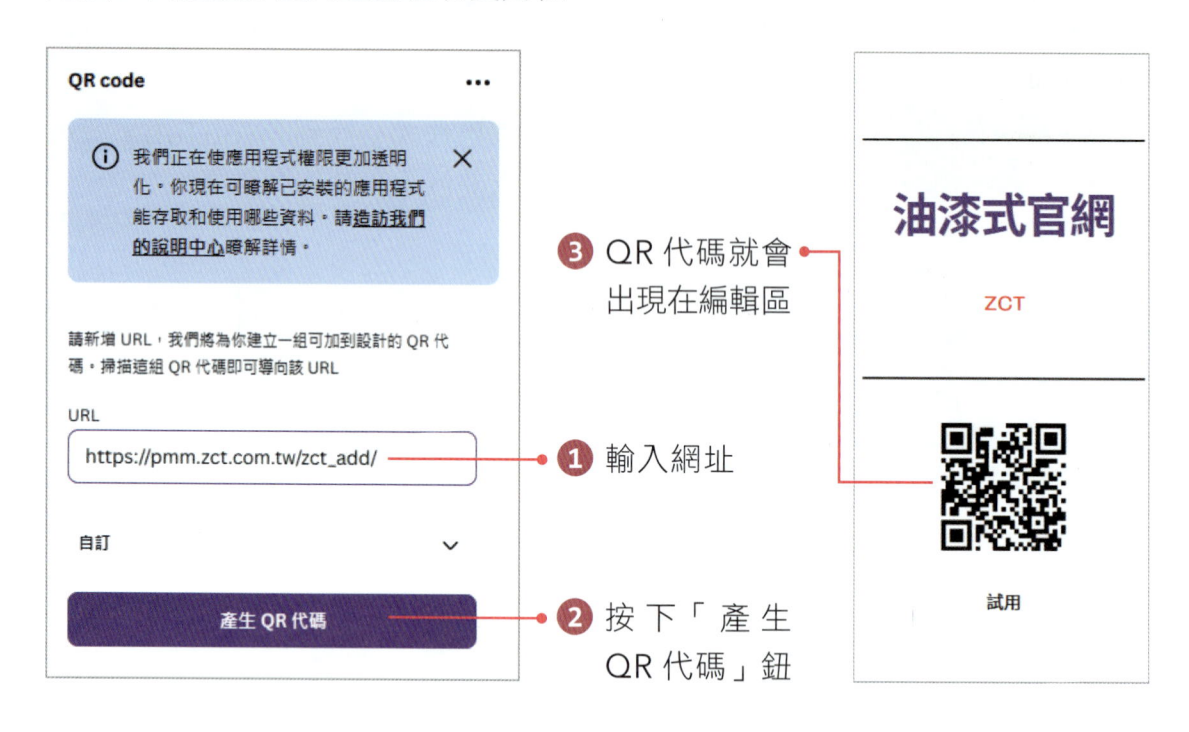

① 輸入網址
② 按下「產生 QR 代碼」鈕
③ QR 代碼就會出現在編輯區

各位可以下拉「自訂」窗格，可允許使用者自訂顏色及邊框距離。

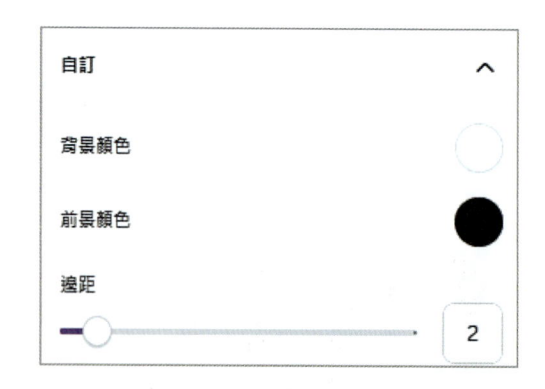

8-4　Google 地圖

　　使用 Google 地圖功能為設計加入位置資訊，無論是活動邀請，還是業務介紹，都更加直觀。

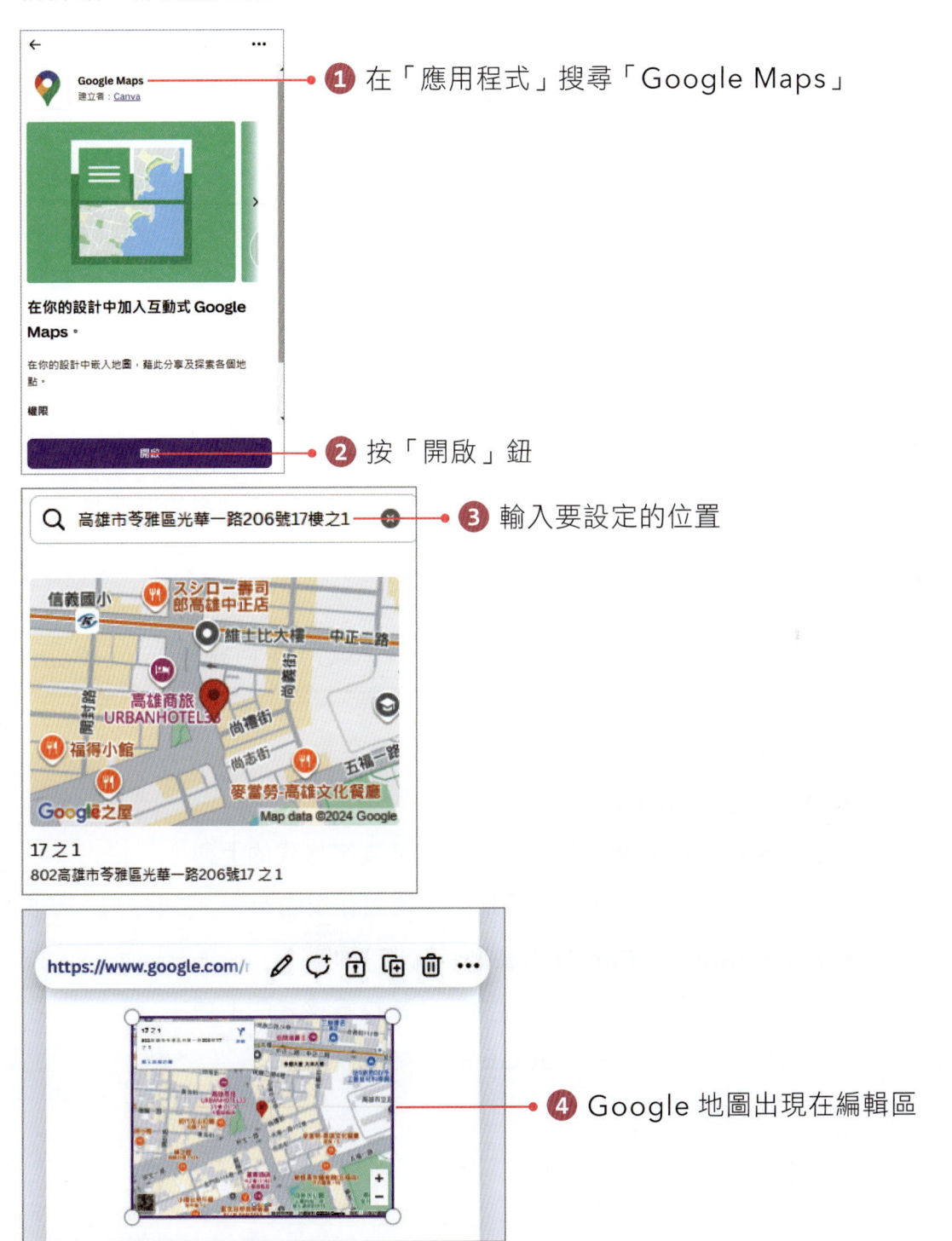

❶ 在「應用程式」搜尋「Google Maps」

❷ 按「開啟」鈕

❸ 輸入要設定的位置

❹ Google 地圖出現在編輯區

8-5　Canva 常見問題集

本小節將收錄設計過程中常見的問題與解答，幫助你快速解決創作中的挑戰。

1. Canva 是免費的嗎？

    答 是的，Canva 提供免費使用的版本，基本功能和範本都可以免費使用。然而，也有付費版（Canva Pro）提供更多進階功能，如專業範本、翻譯、團隊協作功能等。

2. 如何建立一個新的設計？

    答 登錄 Canva 後，點擊首頁的「建立設計」按鈕，然後選擇一個範本類型（如海報、社交媒體圖像、簡報等）。另外，也可以使用自訂尺寸來建立設計。

3. Canva 各種方案上傳檔案類型及格式限制為何？

    答 Canva 提供多種方案，以滿足不同使用者的需求，包括免費版、教育版、非營利組織版、Pro 版和團隊版。以下是各方案的上傳格式和空間限制詳情：

    - **免費版（Canva 免費版）：**

        上傳格式：支援上傳圖片（如 JPG、PNG）、PDF、PowerPoint 投影片、Word 文件等。

        雲端儲存空間：提供 5GB 的雲端儲存空間。

    - **教育版（Canva 教育版）：**

        上傳格式：與免費版相同，支援多種檔案格式的上傳。

        雲端儲存空間：提供 100GB 的雲端儲存空間。

    - **非營利組織版（Canva 非營利組織版）：**

        上傳格式：與免費版相同，支援多種檔案格式的上傳。

        雲端儲存空間：提供 100GB 的雲端儲存空間。

- **Pro 版（Canva Pro）：**

    上傳格式：支援上傳圖片、影片、音訊、PDF、PowerPoint 投影片、Word 文件等多種格式。

    雲端儲存空間：提供 1TB 的雲端儲存空間。

- **團隊版（Canva 團隊版）：**

    上傳格式：與 Pro 版相同，支援多種檔案格式的上傳。

    雲端儲存空間：提供 1TB 的雲端儲存空間。

4. 如何上傳圖片到 Canva？

    答 在 Canva 的「首頁」中的快速建立設計專案，點擊「上傳」按鈕，選擇你的圖片檔案，然後將其拖到設計頁面中。

5. Canva 如何進行團隊協作？

    答 在 Canva Pro 中，你可以建立團隊並與他人共享設計。多人可以在同一設計上同時工作，進行編輯和評論。

6. Canva 有多少種範本？

    答 Canva 擁有數千種範本，涵蓋了從社交媒體圖片、海報、簡報到邀請卡等各種設計需求。

7. Canva 可以製作動畫嗎？
   答 是的，Canva 支援動畫效果。你可以為文字、圖片或整個設計加入動態效果，並導出為 MOV、GIF、MP4、MPEG、MKV、WEBM 等格式。

8. Canva 支援哪些語言？
   答 Canva 支援多種語言，包括但不限於：英語、中文（簡體和繁體）、西班牙文、法語、德語、義大利、葡萄牙語、俄語、韓語、日語等，適合全球使用者使用。這些語言讓更多人能夠在 Canva 上創作和設計。

9. 如何使用 Canva 設計簡報？
   答 點擊「建立設計」，選擇「簡報」，然後選擇你喜歡的範本。你可以使用多種元素來建立專業的簡報，並加入過渡和動畫效果。

10. Canva 的付費功能有哪些？
    答 Canva Pro 提供額外的功能，如無水印的圖片、專業範本、高解析度下載、品牌設置等。

11. 如何將 Canva 設計分享到社交媒體？
    答 完成設計後，點擊「分享」按鈕，選擇社交媒體平台，然後根據需要分享圖片或影片。

12. Canva 能夠用來設計網站嗎？
    答 Canva 提供網站設計範本，但主要用於建立圖片和視覺內容，並不專門針對建立完整的網站。

13. Canva Pro 有哪些進階功能？
    答 Canva Pro 提供了許多進階功能，如背景移除、品牌套件、動畫效果、高級排版工具等。

14. Canva 支援手機版嗎？
    答 Canva 確實有手機版應用程式！你可以在 iOS 和 Android 的 App Store 下載 Canva 的應用程式。這個應用程式讓你可以在手機上設計和創作，隨時隨地都能進行建立和編輯設計工作，並與你的設計同步到雲端，方便在不同裝置上繼續編輯。

Chapter 8　重點整理

1. Canva 小幫手的主要功能：設計建議、素材推薦、即時回答、範本推薦。

2. 透過 Canva 小幫手取得協助的操作步驟：啟動小幫手、提出問題、查看建議。

3. 要在 Canva 設計嵌入 YouTube 影片，首先可以在「應用程式」搜尋「YouTube」，並輸入要嵌入影片片關鍵字。找到影片後點選該影片，就會將該支 YouTube 影片嵌入編輯區。

4. Canva「應用程式」的 QR Code 產生器主要功能包括快速生成自定義 QR Code，支援 URL、聯絡資訊、Wi-Fi 登錄等各種用途。使用者可以選擇 QR Code 的顏色和樣式，並將其直接嵌入到設計中，方便進行宣傳和分享。

5. 使用 Google 地圖功能為設計加入位置資訊，無論是活動邀請還是業務介紹，都更加直觀。

6. Canva 提供免費使用的版本，基本功能和範本都可以免費使用。然而，也有付費版（Canva Pro）提供更多進階功能，如專業範本、無版權圖片、團隊協作功能等。

7. 登錄 Canva 後，點擊首頁的「建立設計」按鈕，然後選擇一個範本類型（如海報、社交媒體圖像、簡報等）。也可以使用自訂尺寸來建立設計。

8. Canva 提供多種方案，以滿足不同使用者的需求，包括免費版、教育版、非營利組織版、Pro 版和團隊版。

9. 在 Canva 的「首頁」中的快速建立設計專案，點擊「上傳」按鈕，選擇你的圖片檔案，然後將其拖到設計頁面中，就可以將圖片上傳到 Canva。

10. Canva 支援動畫效果。你可以為文字、圖片或整個設計加入動態效果，並導出為 MOV、GIF、MP4、MPEG、MKV、WEBM 等格式。

11. Canva 支援多種語言，包括但不限於：英語、中文（簡體和繁體）、西班牙文、法語、德語、義大利、葡萄牙語、俄語、韓語、日語等，適合全球使用者使用。

12. 完成 Canva 設計後，點擊「分享」按鈕，選擇社交媒體平台，然後根據需要分享圖片或影片。

13. Canva 提供網站設計範本，但它的功能主要用於建立圖片和視覺內容，並不專門針對建立完整的網站。

14. Canva Pro 提供了許多進階功能，如背景移除、品牌套件、動畫效果、高級排版工具等。

15. 你可以在 iOS 和 Android 的 App Store 下載 Canva 的應用程式。這個應用程式讓你可以在手機上設計和創作，隨時隨地都能進行建立和編輯設計工作，並與你的設計同步到雲端，方便在不同裝置上繼續編輯。

Chapter 8　課後習題

選擇題

_____ 1. 下列何者不是 Canva 小幫手的功能？
　　(A) 素材推薦　　　　　　　(B) 範本推薦
　　(C) 即時回答　　　　　　　(D) 自動排版

_____ 2. 我們可以在 Canva 設計作品中嵌入下列何種服務？
　　(A) YouTube　　　　　　　(B) QR Code
　　(C) Google 地圖　　　　　　(D) 以上皆可

_____ 3. 關於 Canva 的相關資訊，下列何者錯誤？
　　(A) Canva 所有功能及範本都可以免費使用
　　(B) 一些進階功能必須付費
　　(C) 有些模版必須付費才可以使用
　　(D) 一些指定的 AI 功能必須付費才可以使用

_____ 4. 下列何者不是 Canva 的範本類型？
　　(A) 簡報　　　　　　　　　(B) 社群媒體
　　(C) 影片　　　　　　　　　(D) 電子書排版

_____ 5. 下列何者不是 Canva 支援的上傳格式？
　　(A) PNG　　　　　　　　　(B) PDF
　　(C) PowerPoint 投影片　　　(D) RAW 圖像格式

_____ 6. 下列關於 Canva 可以支援的平台描述何者不正確？
　　(A) 支援 iOS 手機作業系統　(B) 支援 Android 手機作業系統
　　(C) 僅支援電腦版及網頁版兩種　(D) 支援網頁版

_____ 7. 下列何者是 Canva Pro 提供的進階功能？
　　(A) 背景移除　　　　　　　(B) 品牌套件
　　(C) 動畫效果　　　　　　　(D) 以上皆是

_____ 8. 下列何者是 Canva 所支援的語言？
　　(A) 中文（簡體和繁體）　　(B) 英語
　　(C) 葡萄牙語　　　　　　　(D) 以上皆是

_____ 9. 下列何者不是 Canva 支援的動畫格式？
　　(A) JPG　　　　　　　　　(B) MOV
　　(C) GIF　　　　　　　　　(D) MP4

_____ 10. 下列關於 QR Code 產生器的主要功能何者描述<u>不正確</u>？
　　　　　(A) 快速生成 QR Code　　　　(B) 支援 URL
　　　　　(C) 支援 Wi-Fi 登錄　　　　　(D) 以上皆正確

▍問答題

1. 請簡述 Canva 小幫手的主要功能。

2. 請簡介透過 Canva 小幫手取得協助的操作步驟。

3. 請簡介如何在 Canva 設計嵌入 YouTube 影片。

4. 請簡介 QR Code 產生器的主要功能。

5. 請舉出至少 3 種 Canva 支援的動畫格式。

6. 請舉出至少 5 種 Canva 支援的語言。

7. 請舉出至少 3 種 Canva Pro 提供的進階功能。

8. 請問 Canva 是否有手機版應用程式？

附錄

課後習題解答

課後習題解答

▍Chapter 1　課後習題

選擇題

1. (D)　2. (C)　3. (B)　4. (C)　5. (B)
6. (D)　7. (D)　8. (D)　9. (C)　10. (B)

問答題

1. 究竟該選擇網頁版還是電腦版呢？這取決於你的具體需求和使用場景。網頁版適合那些需要隨時隨地進行設計的使用者，如自由職業者、學生以及需要經常在不同設備上工作的專業人士。由於網頁版能夠自動同步和更新，也適合希望避免複雜操作和頻繁更新的使用者。而電腦版則更適合需要處理高強度設計任務的專業設計師和頻繁使用大型文件的使用者。

2. 隨時隨地輕鬆創作、完善的素材資源與跨平台支援、免費與高級方案靈活應對需求、團隊協作更高效、AI 助力打造專業設計。

3. 網頁版不需要下載和安裝，使用者只需打開瀏覽器，進入 Canva 網站，即可開始設計。而且網頁版支援多設備同步，無論是在電腦、平板還是手機上，使用者都能隨時隨地訪問自己的設計專案，這為需要經常出差或在不同設備間切換的使用者提供了極大的便利。

4. 電腦版可以利用本地的硬體資源，提供更快的處理速度和更穩定的執行效果。電腦版具備離線模式，即使在沒有網路連接的情況下，使用者也能夠創作和編輯設計。

5. Canva 提供了多元化的授權方案，包括：Canva 個人免費版、Canva Pro 個人專業版、Canva Teams 團隊版、Canva 教育版、Canva 非營利組織版、Canva 企業版。

6. 設計四要素：素材、字體、顏色、排版。

7. Canva 素材進行商用設計時的重要事項：範本與素材的版權、創意的二次加工、共享與分發、特殊素材的限制。

8. 網頁版、電腦版和手機版（包括：iOS 及 Android）等。

▍Chapter 2　課後習題

選擇題

1. (D)　2. (D)　3. (C)　4. (A)　5. (D)
6. (D)　7. (D)　8. (C)　9. (A)　10. (D)

問答題

1. 首頁、專案、範本、品牌、應用程式、夢想實驗室。

2. 自訂工作區讓你可以方便地管理和存取自己的設計內容。這裡主要包括已標記星號的內容和近期設計。

3. 建立設計有兩種方法：建立空白設計及開啟範本設計。

4. 開啟範本設計具體的步驟：選擇範本、開啟編輯頁面、下載和分享。

5. 設計、元素、文字、品牌、上傳、繪圖、專案、應用程式。

6. 邊框可以為圖片和文字提供視覺上的框架，增強內容的層次感，而網格則能協助快速排列素材，實現整齊的設計效果。

7. 這個工具可以根據你的描述生成自訂圖像，並提供多種預設風格和尺寸選擇，以滿足你的設計需求。

8. 在首頁的左上角按下「建立設計」鈕，就會提供多種設計類型供用戶選擇。另一種方式則是直接選取首頁中間的建立各種設計類型的工作列，直接選擇其中一個類型圖形，就會快速建立該類型空白檔案。

◻ Chapter 3　課後習題

選擇題

1. (D)　2. (A)　3. (C)　4. (B)　5. (C)
6. (D)　7. (D)　8. (C)　9. (B)　10. (C)

問答題

1. 除了關鍵字與類別，Canva 還提供其他強大的篩選功能，例如範本風格、顏色和格式，讓你能更細緻地挑選最符合專案需求的範本。
2. 看到喜歡範本想要保留下來，可以透過範本右上角的 ☆ 鈕將其標記下來。
3. 在設計作品中，要將喜歡的元素保存下來，可透過右鍵執行「資訊」指令，再點選「☆ 星號標記」指令即可。
4. 要從垃圾桶救回被刪除的素材，請點選「🗂 專案」鈕，在面板中點選「垃圾桶」，就可以在右側看到「設計」、「影像」、「視訊」等標籤。按下素材右側的「選項」鈕，即可選擇「還原」指令。
5. 當你以圖片作為背景時，如果畫面上有多重物相互堆疊時，特別是圖片與文字的對比不明顯時，有可能造成上層的文字不易閱讀，像這樣的情況，運用「透明度」的功能，就可以輕鬆解決。
6. 套用影片範本的兩種方式：第一種方式直接在「首頁」按「影片」鈕，接著就可以查看所有影片的範本。第二種方式則在側邊欄選「範本」，再切換到按「影片」的頁籤，可以找到各種類型的影片範本。
7. 在編輯頁面的側邊欄切換到「元素」鈕，可以看到「音訊」的分類，要查看所有的音訊檔，可以按「查看全部」。
8. 如果要調整影片白平衡、亮度對比、飽和度…等屬性進行調整，請先開啟專案，並選取影片，再按下工具列的「編輯」鈕開啟側邊欄，再展開「調整」的設定區段。
9. 開啟專案，並選取影片，再按下工具列的「播放」鈕，會開啟調整播放速度設定區塊。
10. 在「分享此設定」的設定區塊中，除了可以下載影片外，也提供多種分享發佈的方法，如果想要查看還有哪些發佈方法，就可以在「分享此設定」的設定區塊點擊「⋯ 查看全部」鈕。

◻ Chapter 4　課後習題

實作題

1. 略。
2. 略。
3. 略。

◻ Chapter 5　課後習題

實作題

1. 略。
2. 略。
3. 略。

◻ Chapter 6　課後習題

實作題

1. 略。
2. 略。
3. 略。

◻ Chapter 7　課後習題

選擇題

1. (D)　2. (C)　3. (B)　4. (D)　5. (C)
6. (C)　7. (A)　8. (C)　9. (D)　10. (B)

問答題

1. 找到魔法文案工具的兩種方式：直接於文件上方的工具列找到「魔法文案工具」，也可以直接在文字列左側點擊「+」符號或是輸入「/」啟動快速動作功能選單，這兩種方式都可以看到「魔法文案工具」。

2. 魔法文案工具的文字調整選項的功能表單有：繼續書寫、縮短、重寫、更風趣一點、更正式一點、施展創意魔法、變更口吻、修正拼字、自訂提示。

3. Canva 的 AI 文字翻譯功能讓你輕鬆將文案翻譯為多種語言，適用於國際市場的文案創作，不過要使用這項強大的翻譯功能，則必須付費升級成 Canva Pro 版本。

4. Canva 的文字轉圖像功能讓使用者能夠輸入文字描述，並自動生成相應的圖像。

5. 要使用一鍵去背的功能，只要先選取要去背的圖片，再按「背景移除工具」鈕，就可以讓你輕鬆獲得透明背景的影像。

6. 魔法編輯工具提供自動調整顏色、亮度、對比度等功能，讓圖片更生動專業。使用者也能加入濾鏡、調整尺寸、應用特效，輕鬆完成高品質圖像創作。

7. 魔法展開能延展圖片中的某部分，創造連續背景或擴展邊緣，適合設計海報、橫幅等大幅圖像。工具會自動生成連貫延伸部分，保持原圖風格一致，使設計更完整。

8. 要使用文字轉影片（Text to Video）這項 AI 工具，首先請開啟側邊欄選按「應用程式」，並切換到「發掘」標籤，再採用其中的「魔法媒體工具」。

9. 先在專案中點擊頁面，再選擇「動畫」鈕，並在所產生窗框中選擇「魔法動畫工具」即可讓各位選擇多種動畫效果。

10. AiVOOV、D-ID AI Presenters、Text to Speech、Multilingual、Voiceover。

◼ Chapter 8　課後習題

選擇題

1. (D)　2. (D)　3. (A)　4. (D)　5. (D)
6. (C)　7. (D)　8. (D)　9. (A)　10. (D)

問答題

1. Canva 小幫手的主要功能：設計建議、素材推薦、即時回答、範本推薦。

2. 啟動小幫手、提出問題、查看建議。

3. 在 Canva 設計嵌入 YouTube 影片，首先在「應用程式」搜尋「YouTube」，並輸入要嵌入影片關鍵字。找到影片後點選該影片，就會將該支 YouTube 影片嵌入編輯區。

4. Canva「應用程式」的 QR Code 產生器主要功能包括快速生成自訂 QR Code，支援 URL、聯絡資訊、Wi-Fi 登錄等各種用途。使用者可以選擇 QR Code 的顏色和樣式，並將其直接嵌入到設計中，方便進行宣傳和分享。

5. Canva 支援動畫效果。你可以為文字、圖片或整個設計加入動態效果，並導出為 MOV、GIF、MP4、MPEG、MKV、WEBM 等格式。

6. Canva 支援多種語言，包括但不限於：英語、中文（簡體和繁體）、西班牙文、法語、德語、義大利、葡萄牙語、俄語、韓語、日語等，適合全球使用者使用。

7. Canva Pro 提供了許多進階功能，如背景移除、品牌套件、動畫效果、高級排版工具等。

8. Canva 確實有手機版應用程式！你可以在 iOS 和 Android 的 App Store 下載 Canva 的應用程式。這個應用程式讓你可以在手機上設計和創作，隨時隨地都能進行建立和編輯設計工作，並與你的設計同步到雲端，方便在不同裝置上繼續編輯。

WIA
Workplace Intelligence Application Certification
職場智能應用國際認證

📋 WIA 認證 簡介

在現代職場中，對於熟悉並能夠應用各種軟體工具人才的需求越來越高。WIA 職場智能應用國際認證是一個全面的認證，涵蓋了多個領域，包括 Office、平面設計、影音處理和電腦作業系統等職場必備軟體。透過參與這項認證，可以證明個人具備現代職場中常用軟體和電腦資訊工具的操作技巧，並能夠在職場中高效地應用這些工具。不僅可提升個人競爭力，更能在職場中取得競爭優勢並實現更好的職業發展。

WIA 國際證書樣式

📋 WIA 認證 考試說明

- **Office 辦公室軟體**

科目	等級	考試大綱、題數	測驗時間	題型	滿分	通過分數	評分方式
文書處理 Documents Using Microsoft® Word	Specialist	圖文編輯：一題 (10 小題) 表格設計：一題 (10 小題) 合併列印：一題 (10 小題) 共三大題 (30 小題)	90 分鐘	電腦實作題	1000 分	700 分	即測即評
電子試算表 Spreadsheets Using Microsoft® Excel®	Specialist	資料編修與格式設定一題 (10 小題) 圖表設計：一題 (10 小題) 基本試算表函數應用：一題 (10 小題) 共三大題 (30 小題)	90 分鐘	電腦實作題	1000 分	700 分	即測即評
商業簡報 Presentations Using Microsoft® PowerPoint®	Specialist	投影片編修與母片設計：一題 (10 小題) 多媒體簡報設計與應用：一題 (10 小題) 投影片放映與輸出：一題 (10 小題) 共三大題 (30 小題)	90 分鐘	電腦實作題	1000 分	700 分	即測即評

【註】通過 Documents 文書處理、Spreadsheets 電子試算表、Presentations 商業簡報共三科，可自費 $600 並上傳考試心得，即獲頒 Master 證書。

- **Graphic Design 平面設計**

科目	等級	題數	測驗時間	題型	滿分	通過分數	評分方式
影像處理 Image Processing-Using Adobe Photoshop CC	Specialist	50 題	40 分鐘	單選題	1000 分	700 分	即測即評
向量插圖設計 Vector Illustration Design -Using Adobe Illustrator CC	Specialist	50 題	40 分鐘	單選題	1000 分	700 分	即測即評
版面設計 Layout Design-Using Adobe InDesign CC	Specialist	50 題	40 分鐘	單選題	1000 分	700 分	即測即評
視覺設計 -Visual Design-Using Canva	Specialist	50 題	40 分鐘	單選題	1000 分	700 分	即測即評

- **Video Editing 影音編輯**

科目	等級	題數	測驗時間	題型	滿分	通過分數	評分方式
影音編輯 Video Editing-Using Adobe Premiere Pro CC	Specialist	50 題	40 分鐘	單選題	1000 分	700 分	即測即評

※ 以上價格僅供參考 依實際報價為準

勁園科教 www.jyic.net　諮詢專線：02-2908-5945 或洽轄區業務
歡迎辦理師資研習課程

WIA 認證 考試大綱

科目	考試大綱
影像處理	• Overview and Basic Operations of Photoshop Photoshop 概述與基本操作 • Image Editing 影像編修 • Selection Tool 選取範圍 • Layers 圖層 • Color and Graphics 色彩與繪圖 • Text and Graphics 文字與圖形 • Advanced Applications and Cloud Functions 延伸應用與雲端功能
向量插圖設計	• Overview and Basic Operations of illustrator Illustrator 概述與基本操作 • Objects 物件 • Graphics and Paths 圖形與路徑 • Color and Coloring 色彩與上色 • Brushes and Symbols 筆刷與符號 • Text 文字 • Layers 圖層 • Images and Links 影像與連結 • Effects 效果 • Perspective and 3D 透視與 3D • Charts and Databases 圖表與資料庫
版面設計	• Overview and Basic Operations of InDesign InDesign 概述與基本操作 • Pages and Layers 頁面與圖層 • Graphics and Paths 圖形與路徑 • Color and Coloring 色彩與上色 • Objects 物件 • Text 文字 • Images and Links 影像與連結 • Tables and Table of Contents 表格與目錄 • Preflight, Output, and Data Storage 預檢輸出與資料儲存 • EPUB eBooks EPUB 電子書
視覺設計	• Introduction to Canva and Design Fundamentals Canva 基礎入門與設計概念 • Canva Interface and Basic Editing Canva 介面操作與基礎編輯 • Visual Design and Video Editing in Canva Canva 影像視覺設計與影片剪輯 • Practical Applications of Canva Canva 實務應用 • AI Creative Tools in Canva Canva AI 創意工具應用 • Advanced Tools and Techniques in Canva Canva 進階工具與技巧
影音編輯	• Project Setup and Interface Operations 專案設置和介面操作 • Importing and Organizing Media 導入和組織媒體 • Editing and Adjusting Clips 編輯和調整剪輯 • Audio Editing 音訊編輯 • Color Correction and Grading 顏色校正和分級 • Graphics and Titles Creation 圖形和標題創建 • Output and Exporting 輸出和導出

WIA 認證 證照售價

產品編號	產品名稱	建議售價	備註
FV601	WIA 職場智能應用國際認證 (Office)- 電子試卷	$1,200	考生可自行線上下載證書副本,如有紙本證書的需求,亦可另外付費申請 紙本證書費用 $600
FV611	WIA 職場智能應用國際認證 (Photoshop)- 電子試卷	$1,200	
FV621	WIA 職場智能應用國際認證 (Illustrator)- 電子試卷	$1,200	
FV631	WIA 職場智能應用國際認證 (InDesign)- 電子試卷	$1,200	
FV641	WIA 職場智能應用國際認證 (Canva)- 電子試卷	$1,200	
FV651	WIA 職場智能應用國際認證 (Premiere Pro)- 電子試卷	$1,200	
JYC059	WIA 職場智能應用國際認證 Master(大師級) 證書審查費	$600	審查通過,考生自行下載電子證書

WIA 認證 推薦教材

產品編號	產品名稱	建議售價
FF361	《WIA 職場智能應用國際認證 – Document 文書處理 -Using Microsoft® Word 實戰指南 - 附 MOSME Office 學習系統（範例檔、影音教學、線上評分）》	近期出版
FF362	《WIA 職場智能應用國際認證 – Spreadsheets 電子試算表 -Using Microsoft® Excel® 實戰指南 - 附 MOSME Office 學習系統（範例檔、影音教學、線上評分）》	近期出版
FF363	《WIA 職場智能應用國際認證 – Presentations 商業簡報 -Using Microsoft® PowerPoint® 實戰指南 - 附 MOSME Office 學習系統（範例檔、影音教學、線上評分）》	近期出版
GB025	Adobe Photoshop CC：從新手到強者,職場必備的視覺影像特效超完全攻略含 WIA 職場智能應用國際認證 - 影像處理 Using Adobe Photoshop CC(Specialist Level)	$500
GB026	Adobe Illustrator CC：從出局到出眾,設計必備的向量繪圖超詳實技巧含 WIA 職場智能應用國際認證 - 向量插圖設計 Using Adobe Illustrator CC(Specialist Level) - 最新版 - 附 MOSME 行動學習一點通：評量．詳解．加值	$500
GB027	Adobe InDesign CC：從傳統印刷到數位出版,圖文編排必學的超速習法則含 WIA 職場智能應用國際認證 - 版面設計 -Using Adobe InDesign CC(Specialist Level) - 最新版 - 附 MOSME 行動學習一點通：評量．詳解．加值	近期出版
GB028	Adobe Premiere Pro CC：從觀眾到創作者,影片製作必備的剪輯超完全攻略含 WIA 職場智能應用國際認證 - 影片製作 Using Adobe Premiere Pro CC(Specialist Level) - 最新版 - 附 MOSME 行動學習一點通：評量．詳解．加值	近期出版
PB397	人人必學 Canva 簡報與 AI 應用含 WIA 職場智能應用國際認證 - 視覺設計 Using Canva(Specialist Level) - 最新版 - 附贈 MOSME 行動學習一點通：評量、詳解	$420

※ 以上價格僅供參考 依實際報價為準

勁園科教 www.jyic.net 諮詢專線：02-2908-5945 或洽轄區業務
歡迎辦理師資研習課程

書　　　名	**人人必學 Canva簡報與AI應用** 含WIA職場智能應用國際認證-視覺設計 Using Canva(Specialist Level)
書　　　號	PB397
版　　　次	2025年03月初版
編　著　者	勁樺科技
責　任　編　輯	康芳儀
校　對　次　數	5次
版　面　構　成	陳依婷
封　面　設　計	陳依婷

> 國家圖書館出版品預行編目資料
>
> 人人必學Canva簡報與AI應用含WIA職場智能應用
> 國際認證：視覺設計Using Canva(Specialist Level) /
> 勁樺科技編著. -- 初版. --
> 新北市：台科大圖書股份有限公司, 2025.03
> 　面；　公分
> ISBN 978-626-391-412-4(平裝)
>
> 1.多媒體 2.數位影像處理 3.人工智慧 4.平面設計
>
> 312.837　　　　　　　　　　　　　　　114001631

出　版　者	台科大圖書股份有限公司
門　市　地　址	24257新北市新莊區中正路649-8號8樓
電　　　話	02-2908-0313
傳　　　真	02-2908-0112
網　　　址	tkdbook.jyic.net
電　子　郵　件	service@jyic.net
版　權　宣　告	**有著作權　侵害必究** 本書受著作權法保護。未經本公司事前書面授權，不得以任何方式（包括儲存於資料庫或任何存取系統內）作全部或局部之翻印、仿製或轉載。 書內圖片、資料的來源已盡查明之責，若有疏漏致著作權遭侵犯，我們在此致歉，並請有關人士致函本公司，我們將作出適當的修訂和安排。
郵　購　帳　號	19133960
戶　　　名	台科大圖書股份有限公司
	※郵撥訂購未滿1500元者，請付郵資，本島地區100元／外島地區200元
客　服　專　線	0800-000-599
網　路　購　書	勁園科教旗艦店 蝦皮商城　　博客來網路書店 台科大圖書專區　　勁園商城
各服務中心	總　　公　　司　02-2908-5945　　台中服務中心　04-2263-5882 台北服務中心　02-2908-5945　　高雄服務中心　07-555-7947

線上讀者回函
歡迎給予鼓勵及建議
tkdbook.jyic.net/PB397